春花媽 著・Jozy 繪・曾文宣 審訂

野生動物 大聲講

眼睛是我看到一切的起源，
我喜歡眼睛睜開時看到的世界。

台灣水鹿 — 力亞琵

動物溝通師春花媽帶你認識全球 50 種瀕危野生動物
聆聽動物第一手真實心聲

目錄 contents

▶▶▶

3

推薦序

科普教育工具書怎麼這麼可愛！

—「週遭的海洋」臉書粉專作者 嚴融怡

生物多樣性之父威爾森（E.O. Wilson）曾說：「每一個物種都是演化的傑作，精巧的適應其生存的自然小棲境。」正因如此，我們更應深入了解那些存在於大自然的生命，因為人類其實也是大自然的一部分，應該對許多野生動物多一些了解和維護，才能讓我們所依存的自然資源得以永續。

《野生動物大聲講》是一本提供了解野生動物的生動書籍，透過春花媽與每一種野生動物的對談，去理解許多野生動物的生活習性，以及牠們所遭遇的生存危機。同時，每篇野生動物的對談之後還有漫畫與文字進行深入的解說。像是針對南方黑鮪的產卵場，就畫有一個可愛的小地圖。

另外漫畫也顯示，某些南方黑鮪甚至還在未達性成熟的幼魚階段即遭逢被捕撈的命運。有的漫畫則囊括好玩的動物傳說，像是昭君淚與桃花水母的傳說；有的漫畫更釐清某些大眾可能對於動物的疑問，像是樹懶其實在水中的游速是相當快的，牠們並非絕對的慢條斯理。有些小朋友容易搞混斑點鬣狗和非洲野犬，但牠們並非相同的動物，鬣狗更常是搗亂、盜竊非洲野犬辛苦狩獵成果的敵對者；而且漫畫也有一個可愛的呈現，告知小朋友非洲野犬可沒有參與《獅子王》的演出喔！

這是一本無論在環境教育和科普教育都非常有幫助的可愛工具書。

作者序

寫給正在認識動物的你

—春花媽

這篇，是想寫給跟我一樣忘記過動物的你。

讓野生動物「大聲講」，是我人生美夢成真的一個代表。

與許多的動物一起生活在同一個地球上，我們每天都發現，有一些尚未被人類定義的物種正在被理解中，但！與此同時，也有更多動物正在離開我們，同享一片地球，我想認識他們、我想記住他們，然後我會努力不再失去更多的動物。因為他們不是其他的動物，是跟我們人一樣的動物。

身為一個人，我跟其他人並無不同，但是我對於動物的喜愛，是從小時候一直沿襲到現在。當然我也跟大家沒什麼兩樣，在成長的路上因為可以選擇的東西越來越多，很多時候被動物以外的東西所吸引，但我深深知道，我還是常常因為一位動物的照片、一位動物的影片、一則動物的訊息，那個當下我無法忽略自己心動的感受、或是心痛的感受。深深的喜歡就是這樣的體驗吧！

我喜歡動物，所以我想要為動物做點什麼——

能為他們做點什麼事，讓動物給予我的感動體驗，可以超越我而存在。所以我想跟動物說話、我想成為傳遞他們存在的一個橋樑。

當一個動物溝通者，與野生動物溝通時最大的感受，就是動物比我們細緻太多了！環境中一絲一毫的變化，都會牽動他們的情緒、行動與生活。專注在自己、讓自己顯化於環境之中狙擊獵物或是採食植物，但又能回到孤獨的自己、隱身在這大地之中，不被任何人所知悉。「為什麼可以這麼專注地成為自己，然後就快樂了呢？」我經常這樣問動物們。

另一個我最常問動物的問題是：「活得好嗎？」

關於好壞，人們各自的定義與討論很多，但是這幾年，越來越能聚焦在「環境正在變得脆弱」。即便疫情讓人類減少活動足跡，但對於這些瀕危的動物、或是比較可以被人類探索的動物來說，我們都一起感受到壓迫。那種壓迫感，就像是踏入了比他們所判斷還要深的水坑，當意識到的時候，我們都一起被驚嚇到了——原來，再追逐也可能找不到食物了！就像我們人類意識到自己心情不好的時候，可能已經憂鬱很久，我們可能會顯化成免疫力失調，但是動物們經歷的可能是饑荒，或是更直接的生命衝擊。動物們會問我：「是你們用（造成）的嗎？你們來過的地方，土地都變得不一樣了」。我難以回答說「那不是我」，然後動物們就會再問我：「為什麼要這樣呢？」我一直都回答不了這個問題，但是，我想跟你們一起珍惜這片土地。

《野生動物大聲講》是一個動物溝通者與野生動物對話的紀錄，但是我們也請來專業的生物學家為我們帶來更多動物知識的補充與引導。因為對話是一種溝通，但是了解需要更多知識來服務，所以我非常謝謝曾文宣（甩阿）老師還有阿鏘老師的協助。甩阿老師清晰的見識跟阿鏘老師幽默的陪伴，讓這本書的動物形態更為周全而且幽默。

也感謝在野動大聲講經營多年，陪伴我們的惠群跟雅婷，你們看的字真的也不少～最重要的還有阿漠、晨安、Yen、Wen，透過你們的思考再建立的問題與文字，是這本書很重要的基石，謝謝你們。

特別謝謝畫家 Jozy，一直都要很謝謝他，因為畫動物要畫得像、又要能傳遞，不是件容易的事情。在意別人不在意的事情，又要回到一種和善的高度跟世界溝通，真的很難，但是我們都不想錯過動物，因為我們共同領受到的愛從未消散，也願你們可以一起感受。

寫給野生動物：
謝謝你們跟我一起同享地球，讓我意識到，我不只是我。
謝謝你、謝謝你們。
謝謝。

特別寫給樹：
謝謝您、謝謝您將您的身體貢獻給動物，請容我對您深深地致謝。

導讀

保護野生動物，
並非只有讓人難過的事

—野生動物圖文創作者　阿鏘

大概是看我常在貼各種奇異的動物照片，或寫些日常中的動物觀察，好像不事生產沒在做什麼正經事的樣子，所以總有人問我的工作是什麼。關於這個講到爛的問題，最制式的回答便是：「我在做野生動物圖文創作兼保育教育推廣唷～（´・ω・`）」不過這個回答似乎讓人壓根還是不知道我工作內容有什麼，是為誰工作，向誰領薪水。

其實回答可以簡單地用「保護野生動物」幾個字概括，但這麼說就太不識趣，會直接終結話題。野生動物議題常被當成是沉重的事，一個議題突然受關注，往往是因為很情緒性的事件讓人覺得某隻動物很可憐，都是人類的錯（嗚嗚嗚對不起）～這種狀況短時間雖然能受到大量關注，卻消散得快，對野生動物整體幫助十分有限，能因此留下的人也不多。野生動物保育時常就像塊大石頭一樣，很難搬動，正常人也不想被砸到，而決定眼不見為淨快速繞路離開。

但要實踐保護野生動物，並非只有讓人難過的事。在第一線，有為野生動物努力移開阻礙的人們，研究人員、保育區巡守員以及救傷照養和復育單位，也有接觸對象以人為主的環境教育講師，將理念以更淺顯易懂的方式傳播出去。儘管有許多讓人難過的事，也還是有生命的喜悅和讓人振奮或是莞爾一笑的時刻。即使不是從事這些工作的人，還是能透過不同方式為野生動物盡心力，有為了環境和動物減少農藥和殺草劑的農家，自然也有認同這一理念而支持友善農法的消費者。

當然也包括，打開這本書的你們。

請以輕鬆的心情來認識這些新朋友吧。由名字開始認識一隻動物，也許你們故鄉相同，他和你一樣是個講究的美食家，也同樣苦惱著新房難尋。從更貼近生活和文化的方式來開啟與野生動物的關係，為什麼他有這麼特殊的名字？他長得這麼特殊原來是身懷絕技啊！他們現在過得如何呢？我相信，先對野生動物產生興趣，哪怕是從「他長得好衰」、「他求偶的樣子好好笑」這些對動物有些失禮的理由開始，能藉此產生連結與同理心，儘管無法一蹴即成，我仍相信大家會因此願意，一起來為野生動物朋友們抬起名為保育的那些石頭。

既然都已經被我拐到讀到這兒了，就請大家稍微讓我拿被石頭壓一下腳，做個腳底按摩，來為各位介紹一些不妨礙閱讀，但懂了能更快和野生動物們成為朋友的小知識吧！(`・∀・)

野生動物是什麼？

野生動物泛指在自然環境中生活，沒有受到人類選擇育種的動物。但不包含被人類馴化的貓狗和家禽家畜，馴化動物因意外跑到野外生活繁殖的後代，也不能稱為野生動物唷！

一種動物為什麼有這麼多名字？

動物小檔案中的「學名」，由拉丁文組成，會以「斜體」表示，是一種動物的國際通用的名字。「俗名」則包含各國語言俗稱，像黑面琵鷺的台語有黑面仔、飯匙鳥的稱呼，英文名字是叫 Black-faced spoonbill，愛鳥人士則常叫他們黑琵，以上都是他的俗名，不管怎麼變，他的學名都是 *Platalea minor*。即使是要和不懂中文也不會英文的朋友介紹這隻鳥，只要有學名，就不怕找錯動物囉～

瀕危指數是什麼？

書中每一隻動物小檔案的右上角，都有個瀕危指數並接著兩個英文字母。這是國際自然保護聯盟（IUCN）為瀕危物種（含亞種）所做的分級，可以反映出一

個物種需要被保護和關切的急迫性，一共分為九級。

◎**絕滅（EX, Extinct）**：不論野生或人工圈養環境下這種動物都已經不存在了，例如「雲豹台灣亞種」。

◎**野外絕滅（EW, Extinct in the Wild）**：原生存環境已經沒了，僅剩下圈養個體，例如「梅花鹿台灣亞種」。

以下代表這種動物生存受威脅，並有可能絕種，分為三階等級紅橘黃表示：

◎**極危（CR, Critically Endangered）**：例如「台灣穿山甲」。

◎**瀕危（EN, Endangered）**：例如「黑面琵鷺」。

◎**易危（VU, Vulnerable）**：例如「抹香鯨」。

◎**近危（NT, Near Threatened）**：目前還過得去，但不小心還是會亮黃燈，例如「歐亞水獺」。

◎**無危（LC, Least Concern）**：需要的關注度相對低，野生族群數量較多，環境也沒有受到太大威脅，例如「夜鷺」。

◎**數據缺乏（DD, Data Deficient）**：由於數量分布少，對這種生物所知的資訊不足以做完整評估，例如「巴氏豆丁海馬」。

◎**未評估（NE, Not Evaluated）**：尚未被 IUCN 評估過的物種，但不代表生活安定不用擔心喔！許多台灣的無脊椎動物都屬於這一類。

這套系統是國際標準，和台灣的野生動物保育分級不同。台灣野生動物保育法所採取的是「瀕臨絕種野生動物」、「珍貴稀有野生動物」和「其他應予保育之野生動物」三類。有很多動物國際上屬無危（LC）動物，在台灣被列為保育類（像是歐亞水獺台灣本島已經沒了，只剩金門還有），更有許多物種有賴台灣自己得研究判斷是否該積極保護。

希望以上這幾顆小石頭，沒有讓你決定先放下書喘口氣，因為接著可是腳底按摩步道……不，我是說，裸猿人類我的話說完了，接著要登場的是來自陸海空三界的野生動物們，讓我們一起來聽聽他們說什麼吧！

CHAPTER 1

水裡的野生動物

我是很厲害的潛水高手唷～
答案見 P.33

我不想被做成生魚片啦！
答案見 P.37

我很會追魚喔！
答案見 P.21

我在地球上生活好久了。
答案見 P.16

三棘鱟

你活活看不容易啊！

現在的生物和以前
有什麼不同？

只有越來越少吧！

有印象深刻的事情嗎？

漂漂的同伴
被正好張嘴的魚吃了！

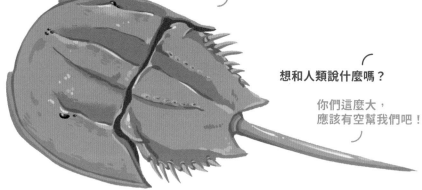

想和人類說什麼嗎？

你們這麼大，
應該有空幫我們吧！

📁 動物小檔案　三棘鱟　　　　　　　　瀕危指數：瀕危（EN）

別名：中華鱟、中國鱟、馬蹄蟹、東方鱟、鋼盔魚、夫妻魚
英文名：Horseshoe crab
學名：*Tachypleus tridentatus*
分布區域：中國、印尼、日本、馬來西亞、菲律賓和越南。
主食：沙蠶等多毛類動物、薄殼的蚌類、搖蚊的幼蟲。
體型：成鱟長約 30 至 60 公分，雌鱟體型較大。雄性的頭胸甲前緣兩側各有一凹陷處，第二及第三對附肢末端特化為鉤子狀，可協助抱住雌鱟；雌鱟頭胸甲無凹陷，第二及第三對附肢末端仍維持鉗狀，腹甲邊緣的後三對棘特別短小，以避免刺傷雄鱟。

沒有不一樣，只有越來越少

春花媽：「你們在地球上好久好久了唉！現在的生物，和以前有什麼不同呢？」

恩姆：「蛤？我有活得比你久嗎？你看到的動物跟我不一樣嗎？只是越來越少吧！」

實際上鱟的平均年齡沒有比人類長，春花媽在問完之後，也覺得這個問題聽起來蠻奇怪的。

春花媽：「據說你們偶而會翻跟斗，什麼情況下你會想翻跟斗？」

恩姆：「水太大的時候啊！我是被翻過去的，不是我想翻過去啊！但是我不會怕，我終究會翻過來，只是很麻煩～小時候就是因為太輕，一直被翻，才會想要好好的一直抓著，把腳爪用力地抓牢！你在這邊活活看，不容易的啊！」

春花媽：「有時候也可以看到你們躺著游泳和吃東西，你也會嗎？感覺有什麼不一樣？」

恩姆：「食物從哪裡來，就在哪裡吃啊～可以吃就快點吃啊～躺著游就是水流太強了啊～一下翻不過來啊～是不會不舒服，但是也沒有很好控制。不會讓自己一直這樣啊～你會喜歡用背走路嗎？不習慣啊！這不是方便的事情啊！」恩姆表達的風格有些像海流，也有點像短暫拍打的浪，或許是因為常常被嚇到，所以說話總是啊啊啊的。

春花媽：「在你長大蛻皮的過程中，有什麼印象深刻的事情嗎？」

恩姆：「就是我真的會變重、變大。都要等好久好久，才可以真的去深的水裡面，不然會一直一直被浪帶走。」恩姆給春花媽看自己因為水流稍微漂起來的樣子。「還沒長大很容易漂漂的，吃的東西也都漂漂的。我有看過漂著的同伴，就這樣被正好張嘴的魚吃了，我們太少、太小了啦！」

漂來漂去，不在一起的感覺很不好

春花媽：「在海裡你們最喜歡什麼時候？平常會做些什麼呢？」

恩姆：「比賽誰能最快抓在地上啊？」恩姆實在回答得太理所當然、太讓人措手不及。

春花媽忍不住疑惑：「蛤？」

恩姆鉅細靡遺，一口氣解釋：「就是！可以在水打過來的時候，最快抓住不要

被沖走啊。如果不小心被沖走，就看可不可以再翻過來前，趁機抓到別鱟的殼，然後不要漂走啊！每次漂走真的會流很遠、很遠，游回來要好久唷～有時候離得太遠，遠很多、很多，這種不在一起的感覺很不好！而且不在一起，有時候其他的動物就會來翻我們。跟你們人類不一樣，他們不會把我們翻回去。這樣我們又會漂更久！很麻煩的！」

什麼都要的話，連長大都來不及了

春花媽：「不能在一起，對你們來說很痛苦，是嗎？」

恩姆：「痛苦喔？是不會很痛，但這是一種不喜歡的感覺。一個鱟孤單漫步在海裡面，好像有我這個鱟跟沒我這個鱟都一樣。鱟不喜歡這種感覺。」

春花媽：「那你是因為孤單很久，所以很怕孤單嗎？」

恩姆：「你不怕嗎？」

春花媽：「我還好。我蠻喜歡一個人的，或是說我蠻常一個人的。」

恩姆：「你有自己的伴嗎？」

春花媽：「有啊，但是我們也無法一直在一起啊。」

恩姆：「我還沒有伴，可以的話，我就好想一直在一起。因為我沒有伴，所以我才跟你講話，因為我太無聊了。可能我跟你一樣，都長得不好看！」

春花媽：「蛤？我……」春花媽本來還想說些什麼，最後在心裡很小聲很小聲的唸著算了，心想真的算了。

恩姆：「你看我這邊。」恩姆給春花媽看他的殼下緣，有一個三角型的裂縫。

春花媽：「哇，你受傷了嗎？」

恩姆：「以前有受傷，我知道等下一次脫殼就好了。但是現在這樣醜醜的，我又有一點小小的，我不喜歡大家看到我的感覺。」

春花媽真心稱讚：「可是我覺得你還是很好看耶！」

恩姆：「你又不會跟我在一起，你說我好看，還不是會把我翻過來？你們最奇怪了啦！」

「哈哈哈哈哈！」春花媽大笑，覺得眼前的鱟，其實是在撒嬌！於是和恩姆說：「那不然你把我翻過來！」

恩姆帶著狐疑的眼神，於是春花媽輕輕地靠近並翻身，翻得很誇張的那種，然後再翻回來。恩姆反覆看著，也跟著笑了出來。

春花媽：「大家都說你們在這麼長的時間裡都沒有什麼變化，你自己覺得呢？」

恩姆：「來不及變化吧？整天被翻來翻去，什麼都來不及啊！抓著什麼都來不及了，會變化嗎？我也想變重一點啊、變大一點啊～但是什麼都要的話，我連長大都來不及了啊！」

春花媽：「你願意和人類說一段話嗎？」

恩姆：「我看你們這麼大，應該有空幫我們吧？可以把我們能抓的地方，變得好抓一點嗎？不然你們把我翻一翻，結果我還是被浪捲走了，我原本抓得好好的啊！你知道我花了多大的力量才抓好的嗎？你們有時候就這樣隨隨便便的，你是這樣的動物嗎？那要變好一點啊！」

📖 野生動物小知識　來自大海的貢獻者

　　長得像螃蟹、偶而還會和魟魚搞錯，是多數人對「鱟」的第一印象，但是他和蜘蛛的血緣關係其實比跟螃蟹還要近，同屬螯肢類動物！鱟生長在淺海中，平時在沙質的海底活動，會在泥沙中緩慢爬行或潛行。游泳時呈上下顛倒的姿態，有時也會倒著歇息。退潮時，鱟能像蝦蟹一樣在岸上緩慢爬行。繁殖時，也跟海龜一樣必須回到岸上才能產卵。鱟算長壽，壽命可達 20 至 25 歲，而且得在蛻皮達到 12 齡，也就是 13 至 14 歲左右才能開始交配、繁衍後代。

兩情相悅在月夜沙灘

　　每年的 6 到 9 月，是鱟的繁殖季節。成年的鱟會向岸邊聚集，在海中邂逅另一半。雄鱟會緊緊抱住理想伴侶，雌鱟便這樣馱著雄鱟移動，這個現象使他們有了「夫妻魚」之稱。新月或滿月時節，他們會在大潮時成群、成對地爬上沙灘的高潮線，沙灘區一夕之間成為戀偶們的約會勝地。鱟媽媽通常會在沙灘下約 10 公分的淺沙層，產下為數眾多、小小黃黃、如綠豆般大的卵。雌鱟會分別產下 1 到 3 窩的卵，多者可產至 11 窩，每一窩卵的數量平均 300 到 500 顆，最高可達 1200 顆。為數眾多的鱟媽媽們，在同一個夜晚分別產下成千上萬、足夠讓胚胎好好長大的營養鱟卵，自然少不了聞香而來的饕客。每年春天，美國東岸至少有 11 種、數十萬的水鳥，大啖這些鱟卵來補充旅途消耗的體力。

功能特殊的藍血

　　鱟以及蜘蛛、部分蝸牛、蝦蟹、章魚和烏賊等，這些動物血液中的成分與人類及大部分的脊椎動物不同，以血青素（Hemocyanin）為主，其分子所含的

不是「鐵」，而是「銅」。當血液充滿氧氣時，血青素的銅離子結合氧氣，就形成了藍色的血液。要是不小心受傷了，鱟血液中的特殊物質能在受到細菌侵害時，快速凝固血液、殺死外來病菌。因為鱟血這樣的特殊功能，人類因此大量捕捉野生的鱟（主要採血對象是美洲鱟），用來製成試劑，以便更為迅速且精準地偵測病菌的感染，提供醫學上莫大的好處。然而，經採血過程的鱟隻，死亡率顯著提升，有近三分之一的個體會死亡，因此重創野生族群的數量。

人類濫捕，加上海岸棲地被破壞，使得成鱟繁殖受阻，在小鱟沒有地方長大且人工養殖效果有限的情況下，三棘鱟已經走上了瀕危之路。在台灣僅有金門尚有穩定的野生族群，本島只剩下零星的目擊紀錄。國際上雖然被列入瀕危等級，台灣目前卻尚未將三棘鱟列入保育類名錄中。除了金門古寧頭保育區的設立，以及連江縣針對三棘鱟一律禁捕的規範，台灣各地尚缺乏對鱟隻貿易的管理以及對海岸地景的友善環境方針，未來三棘鱟的處境仍相當危險。

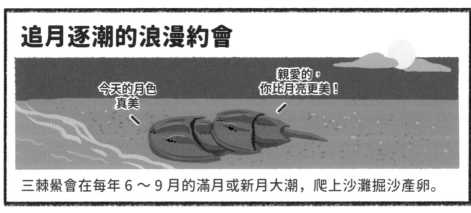

追月逐潮的浪漫約會

今天的月色真美

親愛的，你比月亮更美！

三棘鱟會在每年 6～9 月的滿月或新月大潮，爬上沙灘掘沙產卵。

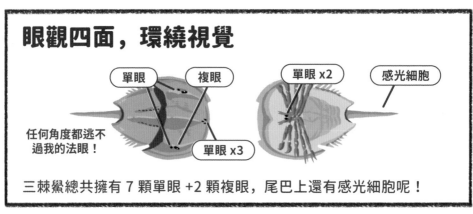

眼觀四面，環繞視覺

單眼　複眼　單眼 x2　感光細胞

任何角度都逃不過我的法眼！

單眼 x3

三棘鱟總共擁有 7 顆單眼 +2 顆複眼，尾巴上還有感光細胞呢！

地中海僧海豹

🎤 受訪動物 —— 姓名：伯特樂西／性別：男／年齡：中年

沒有魚會游輸你們

你有過伴侶嗎？

你知道那麼多幹嘛！

生活中有遇到
可怕的事情嗎？

就是一直看到你。

最近的魚好追嗎？

我本來就很會追魚啊！

📁 **動物小檔案**　地中海僧海豹　　　　　**瀕危指數：瀕危（EN）**

別名：無

英文名：Mediterranean monk seal

學名：*Monachus monachus*

分布區域：地中海及東大西洋近北回歸線的海域。

主食：魚類、軟體動物。

體型：體長 2.4 公尺，體重平均 300 ～ 320 公斤，雄性比雌性略長。

你們就是敵人啦！

春花媽：「你生活的環境中有很多敵人嗎？」

伯特樂希反問：「你說人嗎？」

春花媽：「敵人啦！」

伯特樂希馬上回答：「不就是你嗎？」

春花媽：「不是啦，我是說『敵人』，就是會對你們不好的人啊！」

伯特樂希：「就是你啊！」

春花媽心裡震了一下，突然想也對，伯特樂希可能覺得人類很壞。

春花媽：「對，我們是你的敵人。」

伯特樂希：「那我也是你們的敵人。」春花媽急著澄清：「你們不是啦！」

伯特樂希：「是啦！我們都是彼此的敵人！因為你跟我長得不一樣，不會想跟我在一起，敵人就是不會在一起的人。」

聽著他的說法，春花媽頓時覺得想哭又想笑。

春花媽：「聽說你們很會追魚，你很擅長嗎？最近的魚好追嗎？」

伯特樂希：「我本來就很會啊！」春花媽稱讚道：「喔！感覺你很厲害！」

伯特樂希：「而且只要離你們這樣的敵人遠一點，跟有敵人的大石頭遠一點，就會有更多的魚。」

春花媽無奈想著，怎麼又回到敵人的話題。

伯特樂希：「你們敵人到底有多少人？有這麼多小孩需要養嗎？」

春花媽：「呃……我很抱歉。」

伯特樂希：「你們一抓就連『梅啊拉』的爸媽都抓走了，你們有多餓？那些魚真的有被吃掉嗎？我們已經退到敵人很少的地方，偶而才吃到很大的胖魚，你們是不是吃太多了啊？」一時被問到不知如何回答，春花媽決定再次轉移話題。

春花媽：「那你最近生活中有遇到什麼很可怕的事情嗎？」

伯特樂希：「就是一直看到你們這些敵人。」

你們一直把我們抓住

春花媽：「聽說你們到了陸地上，行動就會緩慢很多，你覺得水中快快游跟地上慢慢走有什麼不同的感覺嗎？」

伯特樂希：「以前上去可以睡覺，現在有敵人的地方就不會睡了啊。」

春花媽：「你們會在陸地上睡覺呀？」

伯特樂希：「睡在那邊都會被奇怪的聲音嚇到，跟被不是雨的東西打到，你們太奇怪了！」

伯特樂希接著說：「我們在水中游超快的！可是你們超奇怪，你們又不能像我們這麼快，但還是一直抓著我們。」

春花媽從伯特樂希傳來的畫面看到了漁網。

「你們是想要我拖著你們嗎？你們又無法像我們一樣在水裡面這麼久，你希望我帶你去嗎？那你要真的會游泳啊，你們長這樣就真的不行啦！」他滔滔不絕的說著，還順便展示了他的後肢。

「在這裡，沒有魚會游輸你們，你們因為會輸，就一直把我們抓住，你們真的是可惡的敵人啊！」

他鏗鏘有力的下了自己得出的結論。

春花媽：「那……你對人類是什麼印象？喜歡人類嗎？」

雖然感覺不會聽到什麼友善的回答，但春花媽還是試著開問了。

伯特樂希：「你們的世界只留跟你們一樣的人，你們就會因為整天看到一模一樣的東西而不知道自己是誰，笨死了你們！」

留下這句，海豹揚長離去，留下苦笑的春花媽。

📖 野生動物小知識　海中的僧侶從來不會念經

聽見「僧海豹」三個字，多數網友可能會想到曾經在社群平台上瘋傳的動物新聞，一隻夏威夷僧海豹將鰻魚吸入鼻子中的逗趣畫面，而讓人印象深刻，引起網友的廣泛討論。

全世界有幾種僧海豹呢？很遺憾的，只剩下地中海僧海豹和夏威夷僧海豹2種，加勒比僧海豹已確認滅絕。而有趣的是，僧海豹之所以被叫做僧海豹，正是因為他們光滑的頭頂跟西方僧侶相當接近，因此才被稱作「僧」海豹！

古歐洲迷信對象

雖然現代人看到他們的機會其實不太多，但是過去的 3000 年中，僧海豹其實頻繁出現在古歐洲的文獻當中，證明他們曾經非常貼近人類的生活，其中甚至有許多關於他們的迷信傳聞。諸如古歐洲相信海豹右鰭可以治療失眠，因此會有人特地割下僧海豹的右鰭放在枕下；也有人認為海豹的毛皮可以防止雷

擊，割下海豹皮鋪在帳棚上可以讓帳篷避免被雷擊中；甚至加上珊瑚後，海豹皮就可以抵禦超自然力量，保護船隻避免遭風雨侵襲等。從各種神祕的迷信中，可以看出人們對於這位遠在海中的生物有著諸多美好幻想。

一年只生一隻！

圓滾滾又可愛的僧海豹，在人們眼中擁有極高的經濟價值，海豹從皮、肉、油都可以牟取暴利，也因此，當人們於 19 世紀末發現他們的高經濟價值後，圓滾滾的外貌在人類眼裡化成了金錢的模樣。無止盡的獵殺，讓過去能在海灘育幼的地中海僧海豹，紛紛轉向人類到不了的洞穴中生產，以確保自己能平安生下下一代。

然而他們的自保行為依然抵抗不了棲地遭受破壞的速度，一年只生產一隻的地中海僧海豹，在族群數量上本身就難以壯大，加上商業捕魚的干擾，地中海僧海豹的數量正在逐年下滑當中。希望未來我們不用像看加勒比僧海豹一樣，只能從課本、手機當中一窺他們的生活。

是真的像僧侶

是同伴！我們一起去傳福音吧！

非也，我是海豹，哈雷路亞～

他們真的是因為長得很像西方僧侶，所以被稱作僧海豹喔！

逃離海灘的海豹

皮毛！海豹肉！海豹油！

遠離那些人！

我們快走！

過去海豹喜歡在海灘上曬太陽，但現在此景已不復見。

巴氏豆丁海馬

🎙 受訪動物 —— 姓名：哈德斯／性別：男／年齡：青壯年

我們都是自己的喔

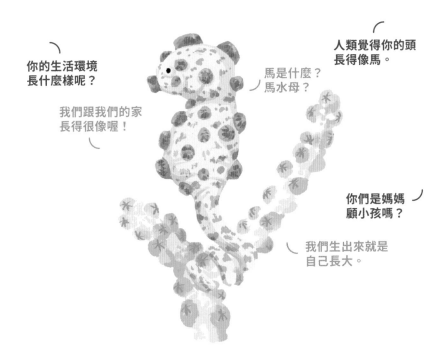

你的生活環境
長什麼樣呢？

我們跟我們的家
長得很像喔！

人類覺得你的頭
長得像馬。

馬是什麼？
馬水母？

你們是媽媽
顧小孩嗎？

我們生出來就是
自己長大。

📁 **動物小檔案**　巴氏豆丁海馬　　　　　　**瀕危指數：數據缺乏（DD）**

別名：巴氏海馬、豆丁海馬　**英文名**：Pygmy seahorse、Bargibant's seahorse、Gorgonian seahorse　**學名**：*Hippocampus bargibanti*

分布區域：西太平洋區，包括日本、台灣、菲律賓至印尼南部沿海、澳洲北部和新喀里多尼亞的珊瑚礁，棲息於深度 16 到 40 公尺的陸棚斜坡、海流較強勁的位置。

主食：浮游生物。

體型：平均體長 1 至 2.7 公分。

沒有什麼好爭的

春花媽：「哈德斯你好～可以請你介紹一下自己嗎？」

哈德斯：「我是很乖的小孩，也是很乖的海馬，因為我們太小了，所以都不會跟別人爭。」

春花媽：「小就不能爭嗎？」

哈德斯：「不是說不能啊，是沒有什麼好爭的啊！世界這麼大，怎樣都可以活下去啊，花力氣去爭，也不會吃得比較飽啊，而且我們沒有一直很餓。」

水母？馬？水母馬？

春花媽：「在這個大海裡，你最喜歡什麼生物呀？」

哈德斯：「黃尾巴的魚！我喜歡看他們游過去，好漂亮，我遠遠的都看得見他，但是他看不見我。然後我好喜歡看見他，一個他跟很多的他，都好漂亮，但是他們很少停在這邊。」哈德斯的聲音充滿喜悅。

春花媽：「聽起來真的很漂亮耶！那你有最討厭的生物嗎？」

哈德斯：「沒有討厭的啊，但是我不喜歡我老婆不在，她不在了，我一個人做什麼都要好久好久，討厭哈德斯自己一個。」

春花媽：「很抱歉讓你思念起她……那我跟你說說另外一種陸地上的生物吧！人類覺得你的頭長得很像馬喔！你知道這種生物嗎？」春花媽給哈德斯看了馬的圖片。

哈德斯：「這是水母嗎？好大唷！」

春花媽向哈德斯解釋那不是馬，但哈德斯仍想不透地問：「馬水母啊？」

春花媽再次說明「馬」不是「水母」，就叫做馬，但哈德斯仍一頭霧水，繼續問道：「水母馬啊？」於是春花媽放棄解釋……

誰不是自己長大？

春花媽：「我跟其他動物聊天時，他們都提到生活環境改變了，你們也是嗎？」

哈德斯：「改變？你是說我們家嗎？媽媽的小孩有變少，我也有老婆，我也跟爸爸一樣生小孩，我有很多孩子喔！他們都有女朋友了。」他得意的說。

春花媽：「所以你們也是媽媽生小孩，爸爸顧小孩嗎？」

哈德斯：「不是捏，我們是爸爸生小孩。」

春花媽：「所以你們是爸爸懷孕呀？這跟人類很不一樣呢！那你喜歡生孩子的過程嗎？」

哈德斯：「喜歡啊！我知道我的小哈們要來了，我每天都很認真的等他們出來。等他們出來，我會幫他們取名字，每個都不一樣，但是他們自己記不起來，有些名字我也忘記了，但是我看著他們，覺得自己還是最特別的哈德斯。」

春花媽：「那你們是爸爸顧小孩囉？」

哈德斯：「生出來就是小孩自己的啊，爸爸媽媽沒有顧我們呀？」他對於回答這個問題感到有些疑惑。

春花媽：「不用照顧呀？你們一出生就會自己長大嗎？」

哈德斯：「對啊，誰不是自己長大的？海馬跟你一樣，都是自己的啊。」

春花媽：「哈哈哈，對！我們都是自己的。」

哈德斯一邊對春花媽說「你好好笑喔」，並發出愉悅的笑聲。

春花媽發自內心表示：「你好有智慧喇！」

📖 野生動物小知識　豆丁很迷你，卻是大海內的 Super Star

不同於一般魚類，海馬的尾鰭完全退化，脊椎尾端演化成像猴子尾巴一樣，可以捲起來鉤住其他物體，來固定身體位置，游泳則是靠著搧動小小的胸鰭與背鰭來上下左右緩慢移動。

身長比人的指節短

巴氏豆丁海馬很小，比人的指節還短！他是全世界已知最小的海馬之一，身體長度通常在 1 公分出頭，最長不會超過 2.7 公分。他們喜歡寄宿在跟自己外貌極為相近的海扇（一類棘柳珊瑚）上，用尾巴握住海扇，藏在完美的保護色中，以浮游生物為食。

而這麼難找的豆丁海馬是怎麼被發現的？起因是在 1969 年時，科學家研究海扇，意外在珊瑚身上發現了一對迷你身影！隔年便以那位科學家的名字——喬治·巴吉邦，為這嬌小的海馬物種命名。

也因為體型太小難以捉摸、數據資料不足，因此在世界自然聯盟的瀕危狀態上缺乏數據以供評估。但自從巴氏豆丁海馬被發現後，就成為潛水愛好者心中的大明星，許多潛水者常會停駐在海扇珊瑚旁，睜大眼睛想要找到他，台灣

有許多海域也都看得到這些迷你嬌客喔！

懷孕產子的是海馬爸爸

　　巴氏豆丁海馬全年都有記錄到繁殖現象，如同其他海馬物種，雌豆丁海馬會將卵產在雄海馬的育兒囊裡。海馬爸爸使卵受精之後會懷孕約 2 週，接著育兒囊一陣陣收縮將小海馬產出。暗色的寶寶們誕生之後就獨立了，得自立自強在海裡討生活，尋覓棲身之所，爸爸媽媽並不會照顧他們。

　　海馬遭受的威脅來自於人類的直接捕捉。對東方人而言，乾燥後的海馬是高貴的中藥藥引，華人市場每年消耗的海馬高達 2400 多萬隻；在西方國家，因為希臘神話中，海馬是海神波賽頓的坐騎，更是力量和堅韌的象徵，因此廣泛被捕捉並製成紀念品。由於過度捕撈與棲息地的破壞，包含豆丁海馬在內，所有種類的海馬的生存危機都日益嚴重，因此在 2004 年，《瀕臨絕種野生動植物國際貿易公約》（CITES）將所有海馬物種列入附錄 II 的名錄中，對國際間的貿易活動進行限制且予以規範。

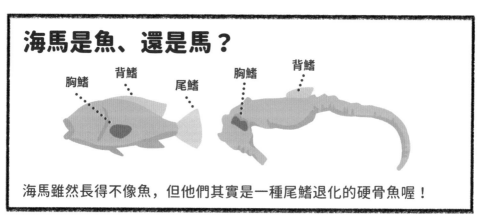

海馬雖然長得不像魚，但他們其實是一種尾鰭退化的硬骨魚喔！

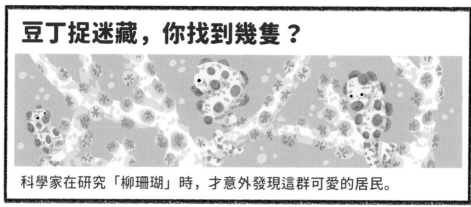

科學家在研究「柳珊瑚」時，才意外發現這群可愛的居民。

西印度海牛

🎙 受訪動物 —— 姓名：阿麗雅思／性別：男／年齡：青年

這裡的海，好孤獨

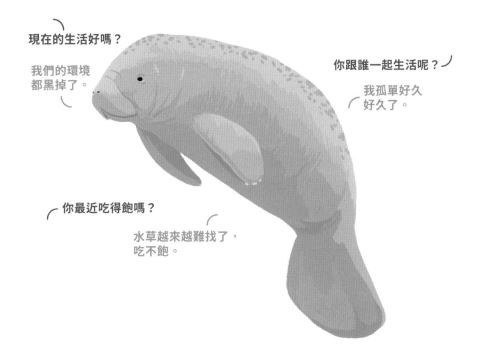

現在的生活好嗎？

我們的環境都黑掉了。

你跟誰一起生活呢？

我孤單好久好久了。

你最近吃得飽嗎？

水草越來越難找了，吃不飽。

📁 **動物小檔案**　西印度海牛　　　　　　　　**瀕危指數：易危（VU）**

別名：美洲海牛、北美海牛　**英文名**：West Indian manatee、American manatee、North American manatee　**學名**：*Trichechus manatus*

分布區域：北美洲東南部、中美洲東部、南美洲東北部的淺海沿岸、淡水河流、河口與運河。

主食：海草與水生植物。

體型：平均體長約 3.5 公尺，體重約 300 至 400 公斤，雌性通常再比雄性大一點。

這裡的海，太過孤獨

春花媽：「人類好像很常弄傷你們，真的很對不起。」

阿麗雅思：「你們弄傷了很多動物唷，連水也是。」

春花媽：「對，我們有些人是這樣的生物沒錯，我們只想要拿取我們想要的，沒有考慮到其他動物的需要，真的很抱歉……」春花媽低沉了下去，安靜了很久，阿麗雅思輕輕將水往春花媽的方向撥去。

春花媽緩慢地抬頭，小聲的問：「那你現在的生活好嗎？」

阿麗雅思：「不太好，我們的環境早就黑掉了，很多東西都不能吃了，吃了也會壞掉。以前魚還可以在我身邊生活，現在都不行，也少很多了。這樣的感覺很難受，明明在遼闊的大海，但是怎麼看都只有我；跟我不一樣的生物，很多時候只是經過我，不會成為我的夥伴或是家人，我感覺很不好……」

春花媽：「那你跟誰一起生活呢？」

阿麗雅思：「我孤單很久了……我游了好久好久，都找不到我的家人，也沒有別人的家人，這裡的海好安靜好孤獨。如果你們能明白，只有自己的時候，其實承受不住孤獨，你們會溫柔一點嗎？」

春花媽：「對不起，我們讓你們更孤獨了。」

阿麗雅思：「那你會多跟我講話嗎？」

他像大海一般，安靜地等待著回答。

春花媽很激動的立刻回答：「會，我會的！」

阿麗雅思安靜地點頭，小聲地說出：「那彎好的。」

你也有見不到的家人嗎？

春花媽：「你有見過人類嗎？」

阿麗雅思：「我看到的人類都不是太近，有時會用奇怪的姿勢看著我，但是並不會靠得太近。我們知道，比你們大的人（指船隻）會包圍我們，使我們離開海洋。但是我不知道為什麼你們要這樣？」

春花媽：「這樣呀……那你有什麼話想對人類說嗎？」

阿麗雅思：「以前我們都是一大群、一大群的，但是現在能遇到就不錯了。有時候我會想起我的家人，我們也好久沒有看到彼此了。你們有想念，但是看不見的家人嗎？」

我跟水草，都會等你們

春花媽：「你最近吃得飽嗎？」

阿麗雅思：「水草越來越難找了，雖然我比你巨大，看起來好像吃很飽，其實沒有唷。」

春花媽：「……那會吃到奇怪的東西嗎？」

阿麗雅思：「會唷，那不會又跟人類有關了吧？」他睜大眼睛問。

春花媽：「這……可能還是有關，你不要亂吃唷。」

阿麗雅思：「但是如果太餓怎麼辦？雖然你可以跟我說話，但是無法給我食物啊！」

春花媽：「我、我會努力讓你所在地方的水草更健康一點，我會努力的！」

阿麗雅思：「好，我跟水草都會等你的。」

📖 **野生動物小知識**　　**隨遇而安，享受慢活幸福肥**

　　海牛跟斯斯一樣，有 3 種。除了西印度海牛，還有亞馬遜海牛與西非海牛，他們與儒艮都是美人魚的傳說由來。海牛與儒艮最大的不同在於他們的尾巴，海牛的尾巴是圓扇型，儒艮則是擁有和小美人魚一樣的 V 型尾巴喔！

　　圓圓胖胖的海牛基礎代謝率極低，而且缺乏厚厚的皮下脂肪，因此很怕冷，僅在熱帶和亞熱帶地區活動。生活在佛羅里達周圍的海牛，每到冬天就必須移動到相對溫暖的水域過冬，因此某些溫泉區在冬天經常會聚集大量的海牛，而成為「賞牛勝地」。

近海優游的溫柔巨人

　　海牛吻部密密麻麻的鬍鬚有著自然界超優秀的觸覺，可以讓他們在混濁的水道中通行無阻，但還是難以躲過人類無情的追捕。而且由於海牛移動速度較

科普
小辭典

紅潮藻毒

紅潮是海中一些藻類、原生生物、細菌大量繁殖，其中的色素使得海水變色的「藻華」，不一定是紅色，只是概稱。紅潮是自然發生的，也可能因人為排放有機廢水引起，大部分是無毒無害，但少部分藻類的毒素會導致海洋缺氧，長時間會改變生態，生物累積毒素也會反過來影響人類。

緩慢，常在淺水域休息，若有高速移動的船隻經過，常常會造成嚴重的螺旋槳船殺意外。

西印度海牛能夠承受鹽度的巨大變化，因此在淡水河流、河口、淺海沿岸地區都能看見他們的身影。溫順的海牛以水生植物維生，每天約花費 6 到 8 小時在覓食。雌海牛通常不愛長途旅行，移動距離不長；部分雄海牛則是長途旅遊的愛好者，每天可以游上 30 公里不喊累。

在過去，他們的肉、皮、骨是人類眼中的珍寶，非法盜獵、船隻碰撞、海岸開發、漁具纏繞、水門夾傷、溫暖水域的喪失及紅潮藻毒的影響等，都是讓海牛數量下滑的原因。近年來，專家們藉由成立保護區、船隻使用螺旋槳防護裝置、水門結構改善以及教育推廣等面向，努力保育海牛。

有機會遇到這群近海優游的溫柔巨人的話，你絕對會愛上他們的！

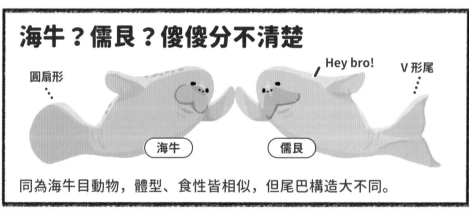

海牛？儒艮？傻傻分不清楚

圓扇形

Hey bro!

V 形尾

海牛

儒艮

同為海牛目動物，體型、食性皆相似，但尾巴構造大不同。

長途旅「游」專家

部分雄海牛每天可以游上 30 公里也不喊累喔！

抹香鯨

🎙 受訪動物 ── 姓名：阿青／性別：男／年齡：青壯年

能幫我找母鯨魚嗎？

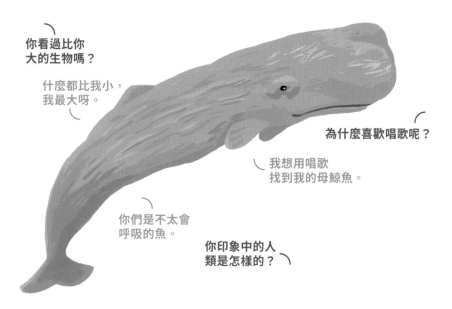

你看過比你
大的生物嗎？

什麼都比我小，
我最大呀。

為什麼喜歡唱歌呢？

我想用唱歌
找到我的母鯨魚。

你們是不太會
呼吸的魚。

你印象中的人
類是怎樣的？

📁 **動物小檔案** 　抹香鯨　　　　　　　　　**瀕危指數：易危（VU）**

別名：抹香鯨、巨抹香鯨、卡切拉特鯨

英文名：Sperm whale、Cachalot、Pot whale、Spermacet whale

學名：*Physeter macrocephalus*

分布區域：廣泛分布於全世界不結冰的海域。

主食：烏賊和深海魚。

體型：抹香鯨是全世界體型最大的齒鯨，身型具有明顯的雌雄二型性，雄性的體型遠大於雌性。雌鯨平均體長 10 至 12 公尺，體重約 12 至 18 公噸；雄鯨平均體長 14 至 18 公尺，體重約 40 至 60 公噸；新生兒的平均體長約 4 公尺，體重約 1 公噸。

誰最大？我最大呀！

春花媽：「你好帥喔。」

阿青：「你……好小喔。」

春花媽：「對啊，你應該連眼睛都比我大！」

阿青：「你也太小了，我不會跟你生小孩唷。」

春花媽笑倒：「我沒有要跟你生小孩啦，我只是說你很帥！你真的好大喔！你有看過比你大的生物嗎？」

阿青：「當然是我最大啊！有比我大的嗎？我沒看見啊！如果他真的這麼大，誰看得見啊！」

春花媽：「哈哈，那你看過最小的生物是什麼？」

阿青：「小，什麼都嘛很小，我哪會記得住！」

唱歌是好玩又舒服的事情

阿青：「我來唱首歌給你聽吧！」

於是他開始唱起悠揚的歌來，唱完後問春花媽感想。

春花媽：「你喜歡唱歌呀？唱歌給你什麼樣的感覺？」

阿青：「唱歌跟講話一樣，都是很好玩、很舒服的事情啊，會吸引不一樣的海洋夥伴來。」

春花媽：「那你想吸引誰來？」

阿青：「我想找的是我的母鯨魚，我好希望可以遇到我的母鯨魚。」他悠悠地說。

你不要的，我也不要啊

春花媽：「你有見過人類嗎？你印象中的人類是怎麼樣的？」

阿青：「有見過啊，感覺就是很小、話很多，然後發出的聲音很不一樣。」

春花媽：「哇，你在海裡面見到的嗎？」

阿青：「是啊，但是你們無法在水裡太久，常常想靠近我又想離開，我覺得你們是不太會游泳、也不太會呼吸的魚。」

春花媽：「好有趣的說法。不過，聽說好多你的同伴都因為吃到人類的東西而過得很不好，你呢？」

阿青：「能吃的東西越來越少，你們丟下可以吃的東西好嗎？為什麼你們不要

的，會覺得我們要呢？」他一口氣說出內心想法。

春花媽：「對不起……那如果有機會能跟人類說一句話，你想說什麼呢？」

阿青：「如果遇到其他的母鯨魚，可以跟她說我在等她嗎？」

📖 野生動物小知識　大頭大頭，他的大頭藏有古早版石油

抹香鯨以中型烏賊和深海魚為主食，要維持巨大體型的機能運作，每天要吃上約體重 3% 重的食物，每次只需睡 15 分鐘就充電完畢（總長度約 1 小時），把寶貴的時間用來填飽肚子。抹香鯨透過「聲音」來看世界，從氣孔下的特殊構造端發出喀噠聲，可以把訊息傳到上百公里遠，靠著回聲定位能找到將近 2 公里遠的魷魚。這個喀噠聲透過聲納設備聽起來像是煎培根或是爆爆米花啵啵啵的聲音，但實際測量音量，可達 230 分貝，和噴射機的引擎音量相同呢！

潛水高手頭好大

抹香鯨被譽為動物界的潛水高手，1 分鐘就能下潛 320 公尺深，可深潛超過 1000 公尺，還能在水下待 1 小時以上。抹香鯨右側的鼻孔天生鼻塞，只能用暢通的左側鼻孔呼吸，因此浮出水面換氣時，特殊的左斜 45° 噴氣成為招牌特色。他的頭部約可佔達身長的四分之一甚至三分之一，因此呈現「頭重尾輕」的外型，其中種名 *macrocephalus* 就源自於希臘文的「大頭」，但究竟抹香鯨的大頭內裝著什麼呢？

答案是，差點害他們滅絕的鯨蠟。

鯨蠟和鯨油是早期蠟燭、肥皂、潤滑油、護膚霜和化妝品的原料，在石油被發現之前，世界上最重要的能源就是抹香鯨的鯨蠟和鯨油。18 至 20 世紀的捕鯨時代大量捕殺抹香鯨，使他們的生存警鈴大作，直到 1986 年國際捕鯨委員會嚴格禁止商業捕鯨之後，捕鯨業才逐漸沒落。

台灣也曾有過捕鯨產業。從 1913 年墾丁南灣的捕鯨船啟航，到 1981 年公告禁止捕鯨。抹香鯨群在每年 5 到 10 月會洄游經過台灣的東部海域。捕鯨產業開啟了台灣與鯨豚相遇的序幕，而該產業的落幕，也成為台灣保育鯨豚的契機。

抹香鯨廣泛分布於全世界不結冰的海域，由赤道一直到兩極都可發現他們的蹤跡。成年雄鯨與雌鯨的分布情形明顯不同，雄鯨幼年時跟隨媽媽在熱帶海域生活，長大之後會離群逐漸向較高緯度移動。

體型越大、年齡越老的雄鯨，分布範圍也越偏高緯度，甚至會接近兩極浮冰地帶。雌鯨與未成年抹香鯨群，通常會停留於 1000 公里寬的區域內至少 10 年，而成年雄鯨移動的範圍則更寬更廣。

便便變成高級香料

價值連城的龍涎香，其實是抹香鯨便祕形成的糞石。正常的抹香鯨便便為液態，他的肛門也無法排出固態的糞便，但偶而會有些難以消化的食物無法被消化，形成半固體便便堵塞腸道導致排便困難，久而久之就變成糞石啦！漢代時，漁民把它當成寶物獻給皇帝，在宮廷裡作為香料或藥物，並取名「龍涎香」，它獨特的甘甜土質香味，在歷史上也被用來當作香水的定香劑呢！

雖然捕鯨的直接危機解除了，但族群結構被破壞所造成的影響、體內化學汙染物殘留、漁具纏繞、船隻碰撞、攝入海洋垃圾等，仍為抹香鯨帶來危機。近年來傳出的抹香鯨死亡案例中，腹中常存有人類製造的塑料碎片，看來他們的生存風險依然未減。

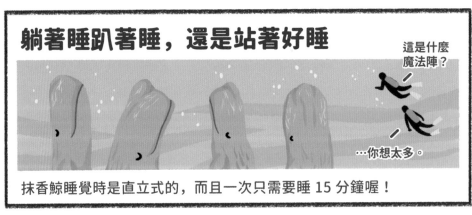

抹香鯨睡覺時是直立式的，而且一次只需要睡 15 分鐘喔！

難得一見的「龍涎香」，其實是抹香鯨體內消化不了的糞石。

南方黑鮪

🎙受訪動物 —— 姓名：輕藍／性別：男／年齡：青壯年

我只好很累地活著

變不好
是什麼感覺？

我知道，
但你不知道。

你們需要睡覺嗎？

睡一下就可以繼續游。

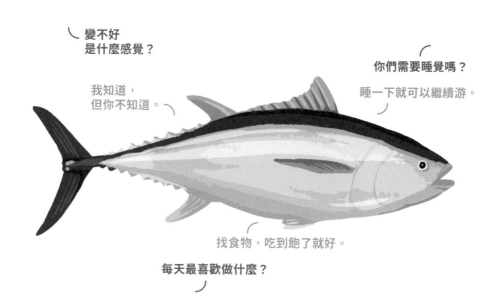

找食物，吃到飽了就好。

每天最喜歡做什麼？

📁 **動物小檔案**　南方黑鮪　　　　　　　　　　**瀕危指數：極危（CR）**

別名：藍鰭金槍魚、黑鮪魚、油串

英文名：Southern bluefin tuna

學名：*Thunnus maccoyii*

分布區域：南緯 30 度到 50 度之間，集中在印度洋、南大西洋及西南太平洋的溫帶海域。

主食：以魚類、頭足類、甲殼類為食。

體型：最大體長超過 200 公分，體重可達 200 公斤以上。

一樣的地方，但就是變了

春花媽：「最近你感覺大海有什麼變化？」

輕藍：「你知道變不好是什麼感覺嗎？明明是一樣的地方，但變得擁擠、變了味道、變得不清楚⋯⋯一切就是變了。」

春花媽支吾地說：「我知道。我是說⋯⋯我懂你說的『不好』。」

「不，你不知道！」輕藍打斷她的話：「因為失去的是我，看到改變的是我，你什麼都不知道！」

春花媽一時語塞，趕緊轉換話題：「最近你還有遇到其他同伴嗎？」

輕藍：「不見很久了啦！你知道我們可以一群一群的時候嗎？現在根本就沒辦法再這樣了！以前我們一群群到哪裡都是最大的，現在一隻一隻到哪裡都變得很小，打架不會贏、吃魚要超努力的追。當一個魚很累，你知道嗎？」

聽到春花媽回答「當一個人也蠻累的」時，他反問：「那你怎不跟別人在一起？」

春花媽：「因為跟別人在一起更累啊！」

輕藍：「那你真的是沒跟魚好過，跟魚在一起就不會累了啦！」

聊到這裡，輕藍和春花媽都決定停下來休息，讓冰涼的海水沁潤彼此。

一定要吃他們才能活嗎？

春花媽：「人類最近幾年開始試著讓你們的數量變多，但沒有將你們放回大海裡，你對人類這樣做，有什麼想法嗎？」輕藍表示無法明白這是什麼意思。

春花媽試著解釋養殖漁業，但輕藍還是很困惑：「那樣的魚，會快樂嗎？」

春花媽：「我也不知道耶，你覺得他們會快樂嗎？」

輕藍：「在一起的他們感覺蠻好的啊。但是那邊有點小，不夠涼，他們沒來過這邊的海洋有點可惜。」

春花媽：「不過他們繼續被養，最後會被吃掉，你會覺得這樣的事情糟糕嗎？」

輕藍：「糟糕又是什麼意思？」

春花媽：「就是跟開始你說的變不好的意思差不多。」

輕藍：「你為什麼要讓我們變不好啊？」

春花媽：「不是我讓你們變不好⋯⋯」

輕藍：「但是你跟他們長得一樣啊？」春花媽指著自己問道：「我嗎？」

輕藍沒有理會春花媽的問題，又接著說：「你吃他們，是為了活下去嗎？你吃

他們才能活嗎？」

春花媽：「不一定是要吃你們，我們人類應該還有其他選擇。」

輕藍：「那你不要去吃吞下去又無法消化的，要吃了會有幫助的，會讓你長大，跟我們長輩教我們的一樣。」

春花媽：「你是說吃小魚，不要被大魚吃掉嗎？」

輕藍：「你這麼小，吃掉我們也不會變得跟我們一樣大。吃錯了就是會吞不下去，會嘴巴開開的死掉啊！因為太貪心了！」

📖 野生動物小知識　從貓餐食到人類餐桌

屏東每年舉辦的黑鮪魚文化觀光季，主角就是俗稱烏甕串（oo-àng-tshǹg）的黑鮪魚。通稱為「黑鮪魚」的鮪魚共有 3 種，分別是大西洋黑鮪、太平洋黑鮪和南方黑鮪。黑鮪魚因為肉質富含油脂容易變質，過去通常會直接丟給貓吃。第二次世界大戰結束後，隨著冰箱普及，保存不再是大問題，愛吃鮪魚的人越來越多，時至今日，黑鮪魚已經是高級料理的代表之一。屏東東港所捕獲的鮪魚，大多是太平洋黑鮪和南方黑鮪，其中又以南方黑鮪為黑鮪族群中數量最少，被列為數量極危的物種。

產卵場僅一處

南方黑鮪是一種大型的洄游性魚類，幼年時從產卵場沿著澳洲西南海域南下，夏、秋季會聚集在澳洲南部的大灣，冬季時則游到較深較溫暖的水域過冬。他們的體內循環系統具有結構上的特化機制，可以增加體內的熱能，讓體溫可以維持得比外界水溫高，因此能忍受較低的水溫。對南方黑鮪而言，最適合的水溫約在攝氏 10 至 15 度之間；偏好的覓食場所，則大多在攝氏 20 度以下的

科普
小辭典

洄游性魚類
海洋中許多魚種會因洋流、氣候追隨食物移動，繁殖成長有其固定的路線，「洄游」指的是是魚類從一地大規模遷徙到另一地水域的移動，也會用在描述鯨豚。其中較特別的是會返鄉的鮭魚、鱒魚這類在淡水中出生發育，順流入海中生活，繁殖期再逆流回出生地產卵的魚，稱為「溯河洄游」。

冷水域。雖然南方黑鮪的洄游範圍遍及南太平洋、印度洋和南大西洋，不過產卵場僅限於印度洋印尼爪哇島東南方海域。

來不及成年就被捕撈

　　南方黑鮪得要成長到 10 至 12 歲才能夠產卵。雌魚的孕卵數在百萬顆以上，順利長大的話甚至能活到 40 歲。但是他們卻常在 2 到 3 歲時就被捕撈，只有少數個體能夠存活到成熟年齡。單一族群的他們不僅有著容易被一網打盡的風險，還有成長緩慢、生命週期長、成熟年齡晚，且僅有單一產卵場等不利因素，過漁（過度捕撈）的傷害對他們來說更是不容小覷，野外數量難以恢復。

　　儘管負責管理鮪魚魚群的國際大西洋鮪魚類資源保護委員會已訂下規範保護鮪類資源，企業也盡可能以養殖取代捕撈。然而，官方的統計數據並不能囊括所有漁獲量，人工養殖也無法解決野生族群被過度捕撈的問題。人類可以吃的肉類有許多選擇，在滿足口腹之慾前，我們可以再多想一下，或許就會有更多的南方黑鮪能在大海裡好好成長。

南方黑鮪的「產卵場」僅限於印度洋印尼爪哇島東南方海域。

南方黑鮪的幼魚常因未達性成熟即被捕撈，導致族群瀕危。

玳瑁海龜

🎤 受訪動物 —— 姓名：不詳／性別：男／年齡：中年

有你們食物就難吃

最近食物好找嗎？

海綿都變難吃了。

人類很愛你們的龜殼。

為何要拿這裡的東西？

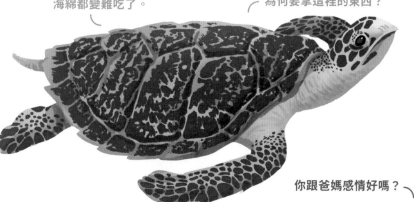

你跟爸媽感情好嗎？

教會我生活的是海洋。

📁 **動物小檔案** 　玳瑁海龜　　　　　　　　　　　**瀕危指數：極危（CR）**

別名： 十三鯪龜、十三鱗、十三稜龜、瑇瑁、蟧蜽、瑇玳、文甲、鷹嘴海龜

英文名： Hawksbill sea turtle

學名： *Eretmochelys imbricata*

分布區域： 大西洋、太平洋熱帶海域。

主食： 玳瑁以吃海綿聞名，同時也吃水母、海葵等無脊椎生物。

體型： 成龜體型約 1 公尺，40 ～ 70 公斤，雄性則能長更大。

你們是不尊重食物的東西

春花媽：「人類常常嚮往水底或空中生活，你會嚮往陸地上的世界嗎？」

玳瑁海龜：「不會啊，在那邊我們變得好重、好難動，也不能吃東西啊！你可以活在不用吃飯的地方嗎？話說你是活著的嗎？」

春花媽：「我是！我是！我是活著的！」

玳瑁海龜感到好奇：「我看你飄飄的，讓我咬一口吧！」話才說完便往春花媽的手臂咬下去，春花媽來不及反應，只能怯生生地反問：「沒……沒味道吧。」

玳瑁海龜：「對，你真難吃。」

春花媽：「我可以跟你說說話，但是沒味道啦！」春花媽話題一轉，問道：「那最近海綿好找嗎？味道如何？」

玳瑁海龜：「都有啊，但是上面常常都是厚厚的死掉的皮，要認真多咬幾次才可以吃到。」春花媽想了一下，推測他說的「死掉的皮」應該是指苔。

玳瑁海龜：「很多都已經扁扁的，有吃跟沒吃一樣，有一些是被魚吃得差不多，我要吃也沒有。」春花媽感到好奇問道：「那好吃嗎？」

玳瑁海龜：「好吃的海綿剩下很少，現在怎麼吃都有怪味道，他們長得也不開心，我也吃得不開心！」

春花媽：「那你們都不開心怎麼辦？」玳瑁海龜有點生氣地說道：「所以我看到你就很想咬啊！」春花媽急著道歉：「對不起，我知道我們真的很討厭！」

玳瑁海龜：「對！你們很討厭。有你們的地方，海綿就會更難吃，食物的味道都變了。」玳瑁海龜接著說：「你自己沒味道，沒舌頭，但是我們有，我們想吃好吃的東西，想吃我想吃的。你們這種不尊重食物的東西，你不會懂的啦！」被唸了一頓之後，春花媽陷入深思，久久沒有回話。

用不到的東西你們幹嘛要拿？

春花媽：「聽說你們會吃水母，會閉著眼睛捕捉他們，這樣看得到獵物嗎？會不會不好抓呀？」

玳瑁海龜：「我沒有捉他，他來了我就吃啊。身體長得越長的，吃的時候才需要閉眼睛。你吃飯的時候會讓別人打你嗎？不會吧！」

「也是厚！」春花媽恍然大悟的笑了。

玳瑁海龜：「咬到了就閉眼睛吃啊！我這麼硬不會有人來吃我，啊我都咬到了、

已經吃最大口了，如果別人要吃，分給他一、兩口也不會怎樣啊！」他一臉無所謂的說著。

春花媽：「對了，人類很喜歡你美麗的殼，覺得它們像寶石一樣美麗，你覺得自己的殼美麗嗎？」玳瑁海龜疑惑地問：「寶石是什麼？」

春花媽傳了一些寶石的圖片給他看，看完之後海龜更加疑惑地反問：「這裡到處都有啊，幹嘛非要抓我？」

春花媽：「因為你們特別美，所以會吸引一些人類來抓你吧！」

玳瑁海龜：「你們根本無法在海洋生活，到底為什麼要拿走這裡的東西，你用得著嗎？」「用不著！」這一點春花媽倒是非常肯定的。

海洋就是我的爸媽

春花媽：「你的爸媽有跟你說過，在大海生存最重要的事情嗎？是什麼呢？」

玳瑁海龜：「我沒有看過我爸媽。可能有看過，但我也不知道他們是不是我爸媽。教會我生存的要訣是海洋。」

春花媽：「這句話好特別。」

玳瑁海龜：「你聽不到水的聲音對吧？水在包圍我的時候，讓食物靠近我，也讓我遠離危險，即便我有時候不順著海洋的方向，水還是包圍著我。」

春花媽：「對，水無所不在。」

玳瑁海龜：「所以我離不開水，即便我離開，我也只想回到水裡、海洋裡。海洋就是我的爸媽。」

📖 野生動物小知識　漫漫龜途背負著美麗的哀愁

龜殼在中國人心中一直有著無比重要的地位，除了本身為一味珍貴中藥材之外，由於一般人篤信龜是長壽有靈的動物，因此龜殼也會被拿來占卜。但除了這些之外，有一種龜殼卻會因為特殊的原因被獵殺，那就是美麗的玳瑁。

「海金」引殺身之禍

玳瑁海龜擁有獨特的鷹嘴，背甲是琥珀色，外表平滑光澤，上面有深淺不一的不規則雲狀條紋，美麗又堅硬的材質讓龜殼變成了一種寶石，甚至被視為有辟邪之效，因此稱作「海金」，自古以來被用在各種首飾上。但是對玳瑁來說，如果世上有辟邪之術，他們一定優先想遠離人類。

雖然他們相當美麗，人類也對他們愛不釋手，但是嗜吃的人類卻是吃不了玳瑁肉的。以海綿為主食的他們主要生活在珊瑚礁中，而部分海綿對於其他生物來說擁有致命劇毒，因此玳瑁肉本身往往含有致人死亡的高毒性，並不適合食用。除此之外，他們也會食用部分水母，全身都是硬甲的他們，還會在捕捉水母時閉上唯一弱點——眼睛，藉以成功捕食水母。

一生遭逢多重人為威脅

玳瑁的一生極其辛苦，從他們在海灘上出生後，就要面對種種人為威脅，不管是偷獵（在部分國家如中國和日本，人類會到海灘上挖其巢穴）或是漁船捕撈，使他們只有少數能成功回到大海的懷抱。而回到大海之後，也要花上幾十年才能成長到生殖年齡，並且再度遠赴海灘挖巢孵蛋。而在這段漫長的旅程中，還要面對人類覬覦美麗背甲的無止盡追殺。多重摧殘下，他們的數量日益稀少，目前已經是極危，若再不加以保護，未來他們的美麗只會出現在圖片與書中，並不會出現在戒指、項鍊、手鍊上。

烏龜吃水草？不，他吃海綿

是誰住在玳瑁海龜
的肚子裡～

海綿寶寶…

我的天啊！

許多人常以為他們以水草為食，但其實他們的主食是海綿喔。

吃水母，請閉眼

我沒在怕！

可惡！我要
毒死你！

在捕捉刺胞動物時，海龜會閉上唯一弱點雙眼來保護自己。

俄羅斯鱘

🎙 受訪動物 —— 姓名：咿達斯赫／性別：男／年齡：青少年

你們有魚很奇怪！

長大要很久嗎？

我要吃飽，
就是要很久啊。

一年裡面最喜歡
什麼時候？

水暖暖的時候。

我們應該很像！

你覺得自己像石頭嗎？

📁 **動物小檔案**　　**俄羅斯鱘**　　　　　　　　**瀕危指數：極危（CR）**

別名：蘇俄鱘、鑽石鱘、奧斯特拉鱘
英文名：Russian sturgeon、Diamond sturgeon、Osetra/Osietra sturgeon
學名：*Acipenser gueldenstaedtii*
分布區域：裏海和黑海及周邊的匯集河流為主。
主食：以底棲性的軟體動物（蚌）為主，也攝食蝦蟹及魚類，幼鱘則主食小蝦和多毛類動物。
體型：成體體長平均 1.1 至 1.4 公尺，最大體長可達 3 公尺，重達 110 至 150 公斤。

要吃飽，就是要很久

春花媽：「長大的過程對你來說會很久嗎？會不會想趕快長大？」

咿達斯赫心不在焉的回應：「長大要很久嗎？」同時在水流中微微搖動自己的魚鰭，試著穩定。

然後他又想了一下，問道：「很久是什麼意思啊？是說我長得很大的意思嗎？」

「長很大？」春花媽想了想，細心的解釋：「我的意思是說，你要長很大，需要花很久、很久的時間，就是很多個白天黑夜。花很多的時間吃東西、休息，然後再繼續吃東西、再休息。就是一件事情要做很久，這樣叫做『很久』。」

咿達斯赫沒有想過這樣的問題：「可是我要吃飽，就是要很久啊！我會餓就是要吃啊～不吃就死掉了啊～」

春花媽：「那你會不會覺得，自己花很多時間在做一樣的事情？」

咿達斯赫反問：「那你會做什麼不一樣的事情嗎？」

春花媽試著說明日常工作，像是使用電腦、照顧動物，以及救傷動物時看見和處理過的血漬。

咿達斯赫：「我不會養食物，可以吃就吃掉啦。你花這麼多時間還餓肚子，太可憐了，你活得久也沒意思啊！」春花媽聽了，只是苦笑。

水要變大之前，其實很多事情會不一樣

春花媽：「你有被水沖走的經驗嗎？有沒有回到原本的地方，還是順著流走？」

咿達斯赫：「小時候就是一直被沖，撞到別的魚都是我比較痛，後來都是別人比較痛。以前撞到石頭都好痛，後來發現沒那麼痛，覺得自己變厲害了！」

咿達斯赫滔滔不絕地說：「後來就知道，水（流）要變大之前，其實很多事情會不一樣。會先變得比較擠，然後再變得有點溫溫的，最後就會整個『ㄔㄨㄚ～』的衝過來，那時候可以低一點就低一點！來不及的話，就是順著他的圈圈往前。因為有時候被帶走也沒關係！因為那樣會吃到多一點東西，沒有食物、就再回來有食物的地方就好了。」

難就不要動啊

春花媽：「有人說你們是『活化石』，意思就是你們活在地球上很久很久都沒什麼改變。你覺得你的身體看起來像石頭嗎？」

咿達斯赫：「石頭？像吧！因為後來我撞到石頭，我不會痛、它也不會痛！我們應該是很像！」春花媽笑翻。

春花媽：「你有見過人嗎？人類給你什麼感覺？」

咿達斯赫：「有，很奇怪，會想靠近我，然後又一邊吐著泡泡離開。我不知道你們是看到我餓了？還是你們自己很害怕？但是又一直來。我也有看過你們帶魚進來，但是我不想太靠近，因為我覺得你們有魚很奇怪。」

春花媽：「如果可以和大地媽媽說話，你想說什麼？」

咿達斯赫像是在許願似的，堅定回答：「我想找個伴。」

📖 野生動物小知識　不只是食物！彷彿身嵌鑽石的巨大淡水魚

俄羅斯鱘生活在裏海、亞速海以及黑海及周邊匯集的河流。幼魚時期身上的盾鱗是顯眼的白色，隨著成體的成長，顏色會漸漸轉灰，變得和體色接近。特殊的盾鱗，使他們被稱為「鑽石鱘」。

不少鱘魚種類都同時有 2 種族群，一種具洄游習性，另一種則終生住在淡水裡。生活在裏海的族群，會上溯洄游至窩瓦河繁殖。而生活在黑海的俄羅斯鱘，不僅會上溯到周邊的河流，有一部分族群也會洄游到多瑙河的下游繁殖。在羅馬尼亞與塞爾維亞邊境的多瑙河鐵門壩上游處，甚至有個和台灣的櫻花鉤吻鮭一樣，是終生生活在淡水的陸封性俄羅斯鱘族群。

體外授精越多越好

俄羅斯鱘的成體體長平均 1.1 至 1.4 公尺，最大體長則可達 3 公尺。當魚卵孵化後，於棲息河流中，約 2 到 30 公尺的急流範圍內皆可發現幼魚。為了能在這樣的環境下活動，他們也是游速相當快的魚種。相對的，比起同科的鱘類平均能活到 60 歲，俄羅斯鱘最長壽的紀錄，目前也僅有 46 年。鱘魚是底棲型魚類，攝食較為緩慢，不具強烈掠食性。俄羅斯鱘在海域中會不斷的攝食，根據不同地區有些變化，以軟體動物為主。在黑海西北部，俄羅斯鱘主食軟體動物，也攝食蝦蟹及魚類，幼鱘則主食甲殼類小蝦和多毛類。根據地點的不同，也會攝食昆蟲幼蟲。

幼魚們隨著年紀增長，會游到淺海生活，到達性成熟時，會在每年的 4 到 6 月開始上溯，回到出生的河中交配。鱘魚是多配偶制的魚類，雌魚們上溯洄游到繁殖地產卵後，多隻雄魚會以體外授精的方式排出精子；單隻雄魚也會盡

可能使更多的雌魚排出的卵受精，藉此來增加遺傳多樣性。俄羅斯鱘比其他鱘魚要更加早熟，是鱘魚中排行第三早熟的物種。多數的雄魚大約在 11 至 13 歲時達到性成熟，雌魚則大概在 12 至 16 歲時。

野生鱘魚皆瀕危

俄羅斯鱘也是精緻級（Osietra）魚子醬的來源之一，20 多種鱘魚僅有少數能取製這種高檔魚子醬。過去，俄羅斯鱘據說曾經是多瑙河中為數最多的鱘魚，然而，在當今的多瑙河已經禁捕鱘魚，其中棲息的 6 種野生鱘魚中，有 5 種已經瀕臨滅絕，即便是俄羅斯鱘也已相當少見。由於水質汙染、水壩阻隔洄游、淤沙以及濫捕，導致無論是哪一種鱘魚，目前野生的鱘魚皆屬於瀕危種。被供應做為經濟動物來源的鱘魚，則以人工培養魚苗後回放棲地養殖居多。市場上所有進行商業交易的鱘魚都受到貿易管制，需有養殖來源證明，但是仍有非法捕撈存在，混雜其中的狀況下，難以辨明。多瑙河域和鱘魚有關的保護單位，甚至和漁民合作通報紀錄，進行各類鱘魚的保育回放計畫。

鑽石恆久遠，卻非永流傳

欣賞我的閃耀可要趁早！

俄羅斯鱘的盾鱗在小時候是白色的，非常漂亮，被稱為鑽石鱘。

精緻級魚子醬來源

隆重鉅獻 黑金宴

好可怕！

魚子醬即是取自鱘魚，野生採集使得多種鱘魚已嚴重瀕臨滅絕。

桃花水母

🎙 受訪動物 —— 姓名：泥哈皮／性別：不詳／年齡：壯年

我也有點想要相愛

╲ 你能明白愛是什麼嗎？

　　你說得讓我想
　　試試看相愛。╲

聽說水越來越髒了？

　　變得熱多了！

你見過人嗎？

　　我只會注意我要吃的。

📁 **動物小檔案**　　**桃花水母**　　　　　　　　**瀕危指數：未評估（NE）**

別名：桃花魚、降落傘魚、淡水水母

英文名：Freshwater jellyfish

學名：*Craspedacusta* spp.

分布區域：不流動或緩慢流動的天然或人工淡水中，例如河流、湖泊、池塘、水庫、蓄水池、礫石坑和採石場等。

主食：以 0.02 到 0.2 公分的小型浮游動物為食，如水蚤、輪蟲等。

體型：成體直徑 2 至 2.5 公分。

「愛」很好嗎？那你愛自己嗎？

春花媽：「你被視作是愛情的象徵之一喔。」

泥哈皮：「愛情是什麼？」

春花媽：「愛情是有一個你跟另一個你相愛。」

泥哈皮：「我跟我自己相愛？」他不太明白而如此反問。

春花媽：「不是啦，是你跟另一個長得跟你一樣的生物，相愛。」

泥哈皮：「相愛是什麼？」

春花媽：「相愛大概就是一直很想跟對方在一起，或是一起生小孩，或是會一直想著對方。」

泥哈皮：「我沒有愛過別的我自己，我就是我，我愛我自己。小孩我想生就生，但不一定是愛，他就是我肚子中的一個移動而已。他不是我，不是愛，不相愛。」

泥哈皮很認真的剖析著自己跟「愛」之間的距離，然後問：「『愛』很好嗎？」

「愛很好，我是因為愛才開始跟各種動物聊天。也是因為愛，才不是那麼專注在吃飯而已，而是會去想，我這樣的人，還可以做什麼，可以製作出更多愛，讓大家有機會可以愛更多動物。」春花媽沿著自己的脈絡逐漸找出「愛」對於自己的意義。

泥哈皮：「那你愛自己嗎？」

「愛。」春花媽反射性地回答。「我確實也花了很多力氣，經過很多事情，在動物的幫助下，找回自己；然後試著在一個一個交流裡，愛上自己，珍惜自己，然後我再去愛別人。剛開始的時候，只是在經過很多人、不相愛的接觸，但現在我會珍惜自己開展的愛，因為那是我真的愛。」

泥哈皮：「你說的，讓我有點想去愛。」

春花媽試著更靠近泥哈皮，他沒有躲開。

泥哈皮：「我經歷過很多死掉，你死掉後會記得愛我嗎？」

春花媽：「會，如果我變得跟現在不同，你會記得我愛你嗎？」

泥哈皮漂了很久後說：「不會，你在我才會記得相愛；你不在，就不愛了。你不是你，那時候我們不能相愛。」

春花媽：「那我們就現在好好相愛吧。跟我分享一件你最近快樂的事情吧？」

水裡的野生動物 — 桃花水母

泥哈皮：「快樂？」

春花媽：「就像是你自己在漂，突然來了一堆小魚就這樣游進你肚子裡啊，就是快樂吧！」

泥哈皮：「這樣就是快樂啊？那跟你聊天是一件快樂的事情。」

「蛤？你肚子有飽飽嗎？」春花媽一下子沒有聽懂泥哈皮的意思。

泥哈皮：「沒有，但是我跟你相愛覺得飽飽。」

他們一起笑了出來，但還沒笑完，就出現一道水流，將兩人分隔得很遠。

📖 野生動物小知識　桃花魚，古時愛情的象徵

　　桃花水母以前就有個很美的名字——桃花魚。傳聞當年漢元帝決定讓王昭君遠嫁匈奴，臨行前恩准她返鄉探望父母與鄉親，她在家鄉後一面與親友道別，一面到山上找尋自己兒時的回憶，充滿不捨之情。她在河邊彈著琵琶流著眼淚，此時正值桃花盛開，桃花與昭君的眼淚一起掉進水中，化成了一隻隻小魚，有個船工撈起了一隻獻給昭君，昭君賜名「桃花魚」。自此，在中國古代文化中，他們便成了愛情的象徵，許多古書都有相關的記載。

生活於淡水

　　也有民眾因為他們傘狀的外觀與細細短短的觸手，稱其為「降落傘魚」，當然，他們並不是魚，而是生活於淡水中的水母。多數民眾下意識認為水母只生活在海洋，但其實生活在淡水的水母就超過 10 種，而且在地球上已經存在超過 5.5 億年，本次訪問的泥哈皮便是其中一種「短手桃花水母」。

　　桃花水母的壽命為 1 至 2 個月，生命週期分為兩個階段，大多以水螅體型態附著在水下的植被、岩石或樹樁上，並進行覓食和無性生殖，偶而長成水母型態進行有性生殖。受精卵會發育成纖毛狀的幼體，然後沉降到水底後再度發

科普 小辭典

水螅體

剛出生的水母像是浮游生物，會找地方附著發育成「水螅體」，在下個階段的「橫裂體」會長成一疊碟狀物，這些碟狀物會一個個游走，成為我們認知中軟趴趴有鬚狀觸手的「水母體」。水螅體沒有性別，但能行無性出芽生殖，水母體則有雌雄之分能交換 DNA 行有性生殖。

育成水螅體。當天氣變冷或環境變差時，水螅體縮小變成休眠體狀態，等待環境改善後再度發展成水螅體。當氣溫變得溫暖時，會以水母型態大量出現數個星期或數個月，然後再度消失。

環境水質不容一絲汙染

桃花水母對於生活環境的水質要求極為嚴謹，不容許有一絲汙染，同時要求水溫、pH 值，一年中僅出現短短 2 個月的時間，多半在早春時節。因此如果能看到他們體態晶瑩透明、優游水中的姿態，可說是相當幸運，同時也能證明此處的水源相當澄淨。常會有人採養於魚缸之中，只為了欣賞他們的美麗。

近年來中國因棲地環境開發破壞和汙染，桃花水母在各地水域逐漸絕跡，能發現到他們的機會越來越少。近期湖北梁子湖水域開始禁止湖區周邊發展工業，大力推動生態保護工程，進行湖底種植 10 萬畝的水生植物、水產養殖實施輪休、人工放流、綠色養殖等舉措，湖水水質已逐漸好轉，期望能再度看到水中翩翩起舞的桃花水母。

最美麗的傳說「昭君淚」

昭君啊啊啊啊啊…

嗚嗚嗚…
不想出國

傳說昭君在河邊哭泣，眼淚滴在河中變成了桃花魚。

住在淡水的水母

真的欸！
水母不是住海裡嗎？

竟然有
水母耶！

台灣也曾發現過
桃花水母喔～

有別於一般人的想像，桃花水母是生活在淡水中的喔。

碎毛盤海蛞蝓

🎤 受訪動物 —— 姓名：無／性別：想當媽媽／年齡：青年

管好自己不要來摸我

最近食物好找嗎？

就張口吃啊！

你有小孩了嗎？

有過了但還想再有。

你喜歡和同伴在一起嗎？

喜歡，我不想孤獨啊！

📁 **動物小檔案**　碎毛盤海蛞蝓　　　　　**瀕危指數：未評估（NE）**

別名：海中小白兔、趴趴熊

英文名：Sea bunny

學名：*Jorunna parva*

分布區域：日本紀伊國沿海初次發表，陸續在沖繩、菲律賓、新幾內亞以及東非坦尚尼亞、塞席爾周邊海域發現。

主食：海綿。

體型：不到 2 公分。

我想跟大家一起，不想孤獨啊！

春花媽：「你常跟同伴們一起行動嗎？」

碎毛盤海蛞蝓（以下簡稱碎毛盤）：「喜歡啊，在一起還可以不被水吹走，就算吹走也一起走，不是蠻好的嗎？」

春花媽：「被吹走？你是指被海水沖走嗎？」

碎毛盤：「對呀，我喜歡跟大家在一起，但是我常常都是先被吹走的那個。」

春花媽：「哇～怎麼會這樣～」

碎毛盤：「不知道是不是我不夠有力，還是太小了。」

春花媽：「你真的滿小的呢！」

碎毛盤：「所以我現在都很努力吃東西。可惡，不要再漂走了啊！我也想抱著誰好好的、緊緊地在一起啊，世界太大了，我不想孤獨啊！」他用力吶喊著，但聽起來還是好小聲。

要活下去啊！弱弱的也沒關係啊！

春花媽：「你很喜歡自己有小孩嗎？」

碎毛盤：「你知道肚子裡面有個東西抱著自己的感覺嗎？」

春花媽：「我不是很明白。」

碎毛盤：「那會讓我覺得自己有重量也好重要，而且大家更容易看到我，就更會依附著我。我好喜歡這種被包覆的感覺，你喜歡嗎？」

春花媽想了一想，說：「我要看人。」

碎毛盤：「人？」他顯然不知道這個字的涵義。

春花媽：「就是跟我長很像的東西。」

碎毛盤：「一樣的就可以啦，不要拒絕啦！世界太大，錯過就錯過了啊！」

不知為何春花媽有種被點醒了什麼的感覺。

春花媽：「你遇到敵人會攻擊對方嗎？」

碎毛盤：「有啊，我剛看到你就有點想攻擊你！」

春花媽：「我看起來很有敵意嗎？」

碎毛盤：「我以為你會來抓我，結果你比我還弱，所以就不用了。」

春花媽：「我看起來很弱呀？」

碎毛盤：「大概吧，大家都要求生存啊，你是怎麼保護自己的啊？你會攻擊別

人嗎？」

春花媽：「嗯⋯⋯有時候會吧！」她想起了人類惡毒的語言，那些大概近於攻擊吧。

碎毛盤：「那你要保護好自己唷，我們都要先保護好自己才可以活下去，這世界沒有比我們自己更重要的存在，懂嗎？」

春花媽：「懂。」

碎毛盤：「弱弱的沒關係，也要好好活下去唷！」

春花媽：「好。」

被眼前小小的碎毛盤深深關心，春花媽覺得自己變得小小的，被他包覆住了。

📖 野生動物小知識　　海中小白兔報到！

軟體動物海蛞蝓，一般俗稱「海兔」，種類相當多，本篇主角是來自裸鰓類的海蛞蝓。與其他體型同樣嬌小的軟體動物相比，裸鰓類海蛞蝓的外型相當多變，顏色繽紛鮮豔。如果將他們都羅列出來，簡直就像是「寶可夢大全」，甚至有「色違版」，充滿驚喜。

科學家和潛水客為這群外型多樣的裸鰓類海蛞蝓取了許多有趣的暱稱，例如西班牙舞孃、橡皮擦、皮卡丘、小綿羊等等，長相最像小白兔的碎毛盤海蛞蝓，就被稱暱為「海中小白兔」。2014 年，網路上有人上傳了一段白色碎毛盤海蛞蝓在海床中緩慢爬行的可愛短片，讓他們突然爆紅。科學家表示那一對可愛的兔耳朵不是真的耳朵，主要的功能是用來「偵測」海水中的化學物質，與其說是耳朵，反倒更像是天線或是鼻子！而那一叢突起的「兔尾巴」則是呼吸器官，由 6 至 7 片羽毛狀的鰓組成。除了色違版的小白兔，同一個物種較常見的是小黃兔和小橘兔喔！

體表就有物理性防禦

碎毛盤海蛞蝓屬於盤海牛科（Discodorididae），體表有各種大大小小的疣突和堅硬細小的骨針，透過物理性的防禦來保護自己，因此如果你想伸手摸摸可愛的他們，相信專家們一定會跳出來大喊「毋湯」。更誇張的是，碎毛盤海蛞蝓的親戚們，例如多彩海蛞蝓，他們同樣專吃海綿，並且能夠吸收海綿中的毒素，將毒素存放在體表的腺體上來保護自己。有掠食者靠近時，就會釋出帶有毒性的白色黏液嚇跑掠食者。因此，這些外貌搶眼的小傢伙們，透過警戒色，

就能悠哉地在珊瑚礁石間來回爬行了。

　　類似的機制在另一類裸鰓類的明星——大西洋海神海蛞蝓也相當知名，這傢伙會取食有葡萄牙戰艦之稱的僧帽水母（海洋中猛毒之一），並竊取水母刺絲胞裡的毒素，裝備在自身的突角中，任誰也不敢侵犯！

互惠式雌雄同體

　　海中小白兔的一生並不長，通常只能活幾個月到 1 年的時間，因此每一個繁殖機會都很重要。海蛞蝓本身是雌雄同體的生物，同時擁有雌雄雙性的生殖器官。在交配時 2 隻海蛞蝓會面向相反方向，右側身子挨在一起，伸出細長的陰莖戳入伴侶體內。他們是互惠式雌雄同體的動物，換句話說，一次的交配行為當中，2 隻海蛞蝓都會接受到對方的精子，並且產下如緞帶般的卵團。

　　海蛞蝓的移動速度相當緩慢，加上外貌搶眼，總是潛水活動中的鎂光燈焦點。下次如果在海中看見這些小不點，記得保留安全社交距離，千萬不要觸摸打擾喔！

水裡的野生動物一碎毛盤海蛞蝓

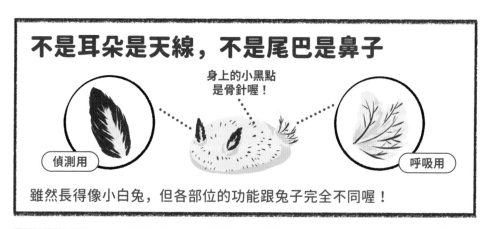

不是耳朵是天線，不是尾巴是鼻子

身上的小黑點是骨針喔！

偵測用　　呼吸用

雖然長得像小白兔，但各部位的功能跟兔子完全不同喔！

海中「寶可夢」—海蛞蝓

我是海神，帥吧！

我是小白兔

我是小綿羊，吸葉綠體！

海蛞蝓的種類相當多種，長相非常多元且各有特色。

歐亞水獺

🎙️ 受訪動物 —— 姓名：噗／性別：男／年齡：青年

曬太陽超舒服的啦！

你覺得人是怎麼樣的？

很久以前就比我們多很多。

你喜歡在高的地方上廁所？

幹嘛看我上廁所？

一定要活得比我久。

想和土地說什麼？

📁 **動物小檔案**　　歐亞水獺　　　　　　　　　　**瀕危指數：近危（NT）**

別名：無

英文名：Common otter、Eurasian otter

學名：*Lutra Lutra*

分布區域：歐洲、北非，及亞洲多數地區。

主食：以魚類為主食，在食性比例中魚類可高達 95% 以上，也會捕食甲殼類、鳥類、蛇、蛙等。

體型：體長 57 至 70 公分，尾長 35 至 40 公分，體重約 4 至 11 公斤。

有些地方的水都不見了

春花媽：「聽說你們在晚上的精神比較好，不過也有人看過你們白天在草地上休息的樣子。你喜歡曬太陽嗎？」

噗：「因為月亮出來的時候，你們比較少、魚也在睡覺，我抓魚的時候你們不會來抓我們，才要在晚上抓。你要是白天都躺著睡覺不要動，我也可以白天抓魚來吃啊！曬太陽當然很舒服，你知道濕濕的皮被曬到乾，那個熱有多舒服嗎？再泡回水裡都可以再游久一點，追魚也可以追得久一點，超舒服的啦～！」

春花媽：「你們已經越來越少了，很多人都在想辦法保護你們，現在住的地方（金門）生活還好嗎？」

噗：「魚難抓很久了啊，水也奇怪很久了，有時候會混濁很久，不太好沉下去。有時候水太少魚都不見了，我們是能活嗎？」噗給春花媽看施工的狀態，控訴著：「還有些地方的河先是不見了，好不容易我們鑽進去，結果水都不見了，變成很黏的土，我有次還差點拔不出腳來，嚇死我了。那裡的水的味道都不見了，就是一堆你們進進出出，水就不見了。你們都不用水的嗎？你們怎麼可以把水都弄不見了！」

春花媽呆住，答不出話來。

人類真的很沒禮貌

春花媽：「聽說你們上廁所時喜歡站在比較高的地方，不會很容易被發現嗎？」

噗：「你幹嘛偷看我上廁所？為什麼沒有聞到味道就走？我都讓你知道這裡是我的，你還來？是不是太沒禮貌了！」春花媽連忙道歉：「對不起、對不起！我真的只是問問，我本人沒看過你上廁所啦！」

噗靜靜的待著，春花媽趕緊繼續訪問：「人類會幫你們做一些專用的路（水路、地下道），希望你們移動時能安全一些。」

噗：「我們當然是走沒你們的地方啊～有狗的地方我們也不會走啊！只要是會追我們的，我們都不會走跟你們一樣的路啦！真的沒辦法的話，也是想辦法快點衝過去，或是往水走啊～你們不敢追得太靠近啦！」

沒有我們真的會比較好？

春花媽：「你現在是自己生活嗎？有沒有其他的獺和你一起？」

噗：「我才開始自己住啊～媽媽說要離開小時候睡的地方，我不出來就被阿毛打，哥哥也被打，後來哥哥也打我！現在我在這邊找味道，如果這幾天都沒有其他獺的味道，我就可以安心地住下來！這裡就會是我的家，你可以出去了！」

春花媽笑著繼續問：「有時候我們也會愛和自己一樣性別的人。聽說你們不喜歡同性別的獺在一起，跟你一樣性別的獺在你的地盤裡的話，會發生什麼事？」

噗說著幾隻獺裡的其中一隻：「就是會打來打去啊，誰都不想看到誰！」

春花媽：「那什麼時候你會感覺到愛？」

噗：「我媽媽抱著我的時候感覺很愛我，舔我時也安安靜靜的。」

想起人越來越多，獺越來越少，噗忍不住問：「你們唔～到底有多少？這裡的土地上都是你們了，還要繼續長，到底要多少地方才夠你們活？為了讓你們活，這裡的動物都要死光光了啦！」

春花媽：「那如果可以，你想和這些人說什麼？」

噗拋出了問句：「沒有我們的世界，你們真的會覺得比較好嗎？」

📖 野生動物小知識　在金門生活獺～難～了

歐亞水獺是全世界分布最廣泛的水獺，橫跨整個歐洲、北非，及亞洲多數地區。在歐洲的部分族群雖然數量穩定，但在棲地開發和環境汙染的全球態勢下，歐亞水獺的數量正在急速下降，在荷蘭、瑞士以及台灣本島皆已滅絕，我國僅剩金門有為數不到 200 隻的水獺族群。

依賴媽媽學生存

歐亞水獺並非天生就會游泳。幼獺非常依賴母獺，會跟著媽媽生活約一年半。除了游泳，也學習捕食、認識領域範圍以及迴避危險等生存技巧。他們通常在夜晚進行狩獵，白天也能發現其活動蹤跡，或是看見在樹洞或草地休息的身影。歐亞水獺和多數獨居性的食肉目動物一樣，領地內只能接受異性出沒，所以雄性和雌性的領地極有可能重疊。

高調的排泄物標記行為

雄性歐亞水獺會固定在空曠處的突起物上頭排泄以標記地盤。這個突起的「馬桶」有可能是石塊、樹幹、木板、土堆、草地，甚或是垃圾，而且不僅高度要適宜，表面還得平坦，才能深得獺心！有時候如果差強獺意，水獺們還會

自己滾動石頭或是攜帶物品到據點擺好，才願意上廁所。這樣特殊高調的標記行為，讓觀察員們能更容易透過採集便便中的 DNA，追蹤水獺的蹤跡。有趣的是，國外有許多觀察者這樣描述水獺便便的味道：「這些水獺的新鮮便便，聞起來帶點麝香味，讓人想起茉莉花茶。」

　　過去金門的水路貫通，水獺可以自在地在不同水系通行。近幾年由於水資源缺乏，抽取河水作為農業灌溉，加上開發工程使得道路不斷被拓寬，水路被切斷，導致棲地破碎化，水獺只能冒險經由陸地移動。天生腿短的歐亞水獺，既無法高攀水壩及堤防，在路上又跑不快，難以躲避敵人。夜晚雖然讓水獺不容易被獵物察覺，卻也難以被駕駛人發現，導致路殺意外頻傳，更受到遊蕩動物的威脅，尤以犬隻的威脅最大。旱季河道乾涸的狀況下，也常見同類為水域爭鬥的場景。目前在國內紅皮書中，金門的歐亞水獺已被列為極度瀕危的物種。相關保育單位持續為水獺們規劃適合通行的階梯與生態廊道，也時常拍攝到水獺使用、通行，希望能保障他們的用路安全，在金門永續生存。

連便便的位置都很講究！

又完成了一次傑作！

歐亞水獺會在高起的平坦處便便，有時候還會自帶墊高道具喔！

枯水易旱，金門水獺為水相爭

走開！

你才給我滾！

金門易缺水，水獺不僅用水與人類重疊，同類也會為爭水打鬥。

櫛齒鋸鰩

🎤 受訪動物 —— 姓名：櫛齒鋸鰩／性別：男／年齡：青少年

都是需要海才出現

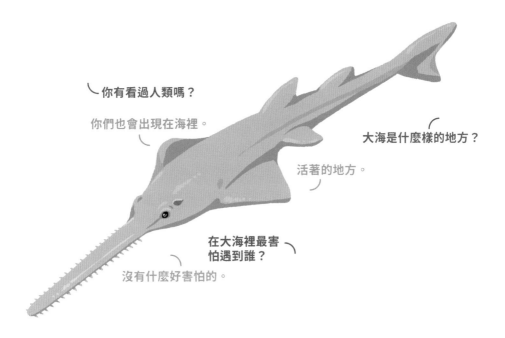

你有看過人類嗎？

你們也會出現在海裡。

大海是什麼樣的地方？

活著的地方。

在大海裡最害怕遇到誰？

沒有什麼好害怕的。

📁 **動物小檔案**　櫛齒鋸鰩　　　　　　　　　　瀕危指數：極危（CR）

別名：寬鋸鰩

英文名：Smalltooth sawfish

學名：*Pristis pectinata*

分布區域：熱帶及亞熱帶大西洋的淺水海域，時常出現於港灣或河口。

主食：無脊椎動物、魚類。

體型：成體約可達 5 至 7 公尺，鼻鋸略為收細，每側約有 21 至 28 顆膚齒（有個體甚至多達 32 顆）。

打招呼的時候，眼前的鋸鰩爽快的和春花媽說了自己的名字，但那是他們兩人之間的祕密。於是這次對話中的名稱，就使用「櫛齒鋸鰩」。

我很帥

春花媽：「人類覺得你的嘴巴很長看起來很帥！還有一種武器是用你們的嘴巴形狀去設計的，你覺得自己的嘴巴帥嗎？」語畢，春花媽也傳送了古代鯊魚劍的樣子給他看。

櫛齒鋸鰩：「帥？那是什麼意思？」

春花媽解釋：「就是非常的特別，跟別的動物都不一樣，然後很勇猛的意思！」

櫛齒鋸鰩聽完，肯定的說：「那我很帥。」

春花媽：「你的同伴已經越來越少了。最近一次看到同伴是什麼時候？」

櫛齒鋸鰩：「很久沒見到了。很遠的看到他，我想追上去，但是他就不見了。他就是我看到、但是沒遇到的同伴。」

都是需要才在這裡

春花媽：「聽說你們在完全沒有同伴時，雌性也可以單性生殖，你聽說過這件事嗎？」

櫛齒鋸鰩像在思考般沉默著。這個問題對他來說，好像很難、很難。

春花媽：「聽說你們會到淺水或河口產卵，你能感覺到鹹水、淡水的差別嗎？會感到不舒服嗎？」

櫛齒鋸鰩：「我沒看過。」言簡意賅、直接句點的同時，櫛齒鋸鰩也在意念中，讓春花媽清楚明白，這隻鋸鰩，真的、真的很「直男」。

春花媽：「那你到淺水海岸區時，曾經看過人類嗎？你覺得我們是什麼樣的生物？」

櫛齒鋸鰩：「我見過你們啊。你們時不時就會在這裡出現啊！」

接著補充說：「誰都能出現在海裡，這又不是我的海，是海啊。你們也是會出現在這裡、需要在海裡的東西。都是需要，才會出現在這裡的。」

大海裡沒有什麼好怕的

春花媽：「在大海裡面你最怕遇到誰？為什麼？」

才覺得櫛齒鋸鰩好像健談了起來，卻又得到快問快答：「沒有什麼好害怕的。」

春花媽繼續問：「除了同類，大海裡面什麼生物是你最喜歡的？為什麼？」

櫛齒鋸鰩：「我喜歡我可以吃的魚，因為可以吃。」

春花媽：「你記得媽媽最常對你叮嚀的話嗎？她都說什麼？」

櫛齒鋸鰩：「如果我再看到她，我會問她想跟我講什麼？如果你先遇到她，你也可以幫我問她。」

春花媽：「形容一下最近一次的快樂經驗，跟大家分享你的快樂。」

櫛齒鋸鰩：「快樂在這裡需要嗎？」

被動物句點也不是第一次，春花媽接著問：「你喜歡大海嗎？你覺得大海是個什麼樣的地方？」

一如既往，櫛齒鋸鰩只做必要的回答：「活著的地方。」

📖 野生動物小知識　有著神劍傳說的奇妙超魚

　　櫛齒鋸鰩是極少數被發現雌性能夠在沒有雄性的狀況下，進行單性生殖（孤雌生殖）的脊椎動物。英文名雖為 Smalltooth sawfish，但和小齒鋸鰩（*Pristis microdon*）是不同種。有趣的是，小齒鋸鰩的英文名卻是 Largetooth sawfish！在鋸鰩家族當中，櫛齒鋸鰩的大小僅次於綠鋸鰩，紀錄中，他們的身長可達 5.5 公尺，而綠「巨」鰩則有長達 7 公尺的紀錄。

　　鋸鰩常被誤稱為「鋸鯊」，雖然名字都有「鋸」、都有鋸狀的吻部，但兩者是完全不同的動物！鋸鯊生活在海底，有 2 條長鬚，鰓和所有的鯊魚一樣長在體側，相當容易辨認。鋸鰩則生活在深海與淺海區域，沒有長鬚，鰓也和魟魚一樣長在肚子那一面。鋸鰩時常會出現在港灣或河口的潮間帶、紅樹林區域覓食、繁殖，有時候能在退潮時發現擱淺的鋸鰩，這也是他們容易被捕抓的原因之一。

**科普
小辭典**

孤雌生殖

雖然是單獨由雌性不靠雄性產下後代，仍會經過減數分裂產生配子，並不是真正的「無性生殖」。在無脊椎動物較常見，如蚜蟲、竹節蟲，有些物種甚至未曾發現過雄性個體全是女兒國。脊椎動物目前有發現魚類和爬行動物有孤雌生殖的紀錄。

威猛鼻鋸功能多

　　形狀特別、看起來威猛的「鼻鋸」有什麼功能呢？這些鼻鋸上的「鋸齒」其實不是牙齒，而是稱作膚齒的角質，更接近鱗片。鋸鰩會用這些鋸齒來感應、追蹤獵物，也會揮舞鼻鋸來翻起泥沙、在魚群中擊暈獵物，也有直接將其砍成兩半的紀錄。或許是觀察到鋸鰩們如何使用鼻鋸，也或者僅是以形補形，在各種文化中，鼻鋸時常被認為是天賜的「神劍」。在道教信仰裡，用「櫛齒鋸鰩」的鼻鋸做成的鯊魚劍，甚至被稱作鎮廟之寶。

　　雖然各文明信仰意義上不同，但過去不管是哪一種鋸鰩，都是漁民們的捕捉目標，以截取製成武器、收藏品或藥材的原始材料。在世界各地，都有鋸鰩被取作鯊魚劍、鬥雞腳刺、藥材、魚翅的紀錄。然而鋸鰩的數量大幅減少，不僅是因為人類的濫捕行為，生態與棲息地的改變與被破壞，也是導致瀕危主因。目前漁業署已將鋸鰩列於保育類名錄當中，禁止捕獵，國際上更已普遍實施對於鋸鰩相關產品的貿易管制。

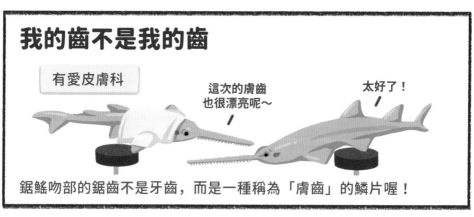

我的齒不是我的齒

有愛皮膚科

這次的膚齒
也很漂亮呢～

太好了！

鋸鰩吻部的鋸齒不是牙齒，而是一種稱為「膚齒」的鱗片喔！

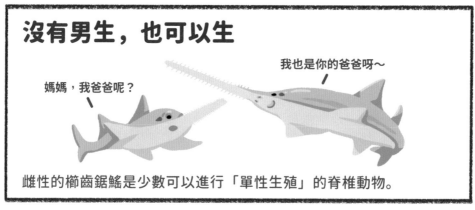

沒有男生，也可以生

我也是你的爸爸呀～

媽媽，我爸爸呢？

雌性的櫛齒鋸鰩是少數可以進行「單性生殖」的脊椎動物。

藍鯨

🎙 受訪動物 —— 姓名：拉司迪卡布／性別：男／年齡：中年

世界太大而我太小

最美好的海是什麼樣？

越冷的水越好。

你帶給水什麼呢？

我在等待他的答案。

什麼情況下會大叫呢？

很想講話會大聲一點。

📁 **動物小檔案** | **藍鯨**　　　　　**瀕危指數：瀕危（EN）**

別名：海翁、磺底鯨

英文名：Blue whale

學名：*Balaenoptera musculus*

分布區域：北太平洋、北大西洋與南半球。

主食：小型甲殼類、磷蝦類與小型魚類。

體型：成年體體長大多為 21 至 22 公尺，重量多在 100 到 120 公噸。

多大多小都吸引著我

春花媽：「這個星球最大、最大的生物，就是你們哦！你覺得自己很大嗎？」

拉司迪卡布：「很多東西都比我大啊。」

春花媽：「那在你眼中，是不是什麼都很小呢？」

拉司迪卡布想了想，問：「你見過磷蝦嗎？」

春花媽：「我知道磷蝦。」

拉司迪卡布：「我根本看不出來他自己一個是什麼樣子，但是他們聚在一起，比我還大，比我還好吃。不管他們多大多小，都深深吸引著我。」

該知道的事就會知道

春花媽：「你的叫聲是動物界最大聲的，通常在什麼情況之下會大叫呢？」

拉司迪卡布：「想講話的時候，真的很想講話時會講大聲一點。」

春花媽：「你有孩子了嗎？」

拉司迪卡布：「我很想要孩子唷，想很久了。」

春花媽：「那有跟你生活在一起的鯨嗎？」

拉司迪卡布：「我一個鯨魚很久了，我的夥伴在更久之前也不見了。」

春花媽：「在那之後沒有再遇過其他藍鯨了嗎？」

拉司迪卡布：「有遇見其他的藍鯨，但是他們有自己的夥伴了。一起分享磷蝦後，我又是孤獨的一個藍鯨了。」

春花媽：「所以你沒有和他們生活在一起？」

拉司迪卡布：「嗯，這時候就會覺得世界太大，我太小了。」雖然語氣和表情沒有太大的變化，但春花媽感覺到他的孤獨。

拉司迪卡布：「一個我，找不到另一個可以陪伴我的我，要多久才可以讓我變得更大、更大，一眼就可以看見對方呢？」

春花媽：「你會好奇大海以外的地方長什麼樣子嗎？」

拉司迪卡布：「應該會知道的事情就會知道，不會知道的，也是因為我不需要知道吧？」

春花媽覺得也對：「你覺得海的味道變了嗎？你遇過最美好的海在哪裡？」

拉司迪卡布：「越冷的水越好，但是冷的水在變少，蝦子也在變少，你們倒是變很多。」

春花媽：「有我們的地方，水都變得難喝嗎？」

拉司迪卡布：「也不一定吧，任何動物都會帶給水不一樣的帶入吧？」

春花媽：「那你帶給水什麼呢？」

拉司迪卡布：「我也在問水啊，所以我在他之中不斷的來回，等他告訴我。」

你們真的可以失去我們嗎？

春花媽低頭說：「我想跟你說……人類確實傷害很多動物。」

拉司迪卡布：「這種感覺好嗎？」

春花媽：「不好，一點都不好，但有人跟我的選擇不同……」

拉司迪卡布：「你不想傷害就好，我也不想跟傷害動物的人講話。」他感嘆地說：「我好久沒講話，如果一講話就要死，也太不舒服了啊。」

拉司迪卡布和春花媽又一起沉默地游了一段，因為跟不上速度，春花媽便試著攀著他的鰭。拉司迪卡布只是笑笑，接著放慢速度。

春花媽趁機靠過去問：「如果要跟人類說一句話，你會想說什麼呢？」

拉司迪卡布：「你不好奇沒有我們的世界，到底會少了什麼嗎？你們真的可以失去我們嗎？」

📖 野生動物小知識　海洋巨獸的歌聲你聽到了嗎？

　　藍鯨是目前地球上現存體型最大的動物，現今的精確紀錄中，最長的藍鯨是 29.9 公尺長，最重則是 177 公噸。有趣的是，他們學名裡的 *musculus* 同時有著「強健」和「小老鼠」的意思。

　　藍鯨不僅體型大，還有動物界中最響亮的叫聲，稱為「鯨歌」，能高達 188 分貝，比飛機的噴射引擎（140 分貝）還大聲，可以橫跨很長的距離，曾經在超過 800 公里外被錄到。不過因為頻率很低，大部分人類其實無法聽見。

幼鯨生長神速

　　他們沒有關係緊密的大團體，每群的數量通常在 5 隻以下，或者單獨行動。不過在食物高度密集的區域數量會較多。依不同族群，會有不同的交配季節，懷孕期大約 11 個月。幼鯨出生時體長介於 6 到 8 公尺，比起成年藍鯨的 20 公尺雖然小得多，但生長速度很快，每 24 小時體重會增加 90 公斤，為了跟上成長所需，每天會喝下 400 公升的母乳。成年藍鯨一天能捕食 5 公噸的磷蝦。

無齒的濾食性動物

濾食性動物的藍鯨並沒有牙齒。他們吞入大群磷蝦的同時，會吸入大量海水，接著擠壓腹腔和舌頭，將海水從上顎的鯨鬚縫隙排出。當口中的海水完全排出後，就把剩下這些留在嘴裡的磷蝦吞入。在捕食磷蝦時，偶而也會吞進小型魚類、甲殼類與烏賊。這些鯨鬚在 19 世紀常被用來做馬甲，由於鯨鬚和身體部位有非常高的經濟價值，差點因而被趕盡殺絕。1966 年國際捕鯨委員會宣布禁捕藍鯨後，數量才開始出現回升。

但是藍鯨數量回升的速度不如預期，至今仍面臨嚴重的生存威脅，包括棲地破壞、汙染和長期氣候變遷，以及人為造成的船隻撞擊、漁業衝突、噪音干擾等因素。根據生物學家估計，藍鯨可能只剩過去的 3%。不僅僅是藍鯨本身，連他們的主食磷蝦，也因氣候變遷與成為人類的保健食品而逐漸變少。期盼世界各國都能更重視環境生態，讓鯨歌能一直在海中迴響。

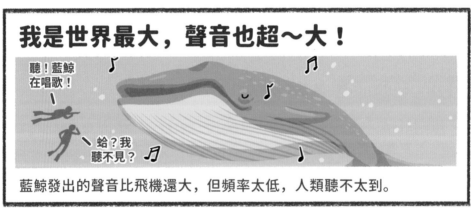

我是世界最大，聲音也超～大！

聽！藍鯨在唱歌！

蛤？我聽不見？

藍鯨發出的聲音比飛機還大，但頻率太低，人類聽不太到。

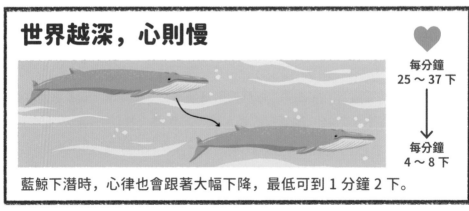

世界越深，心則慢

每分鐘 25～37 下

每分鐘 4～8 下

藍鯨下潛時，心律也會跟著大幅下降，最低可到 1 分鐘 2 下。

CHAPTER 2

陸上的野生動物

我最喜歡吃螞蟻了。
答案見 P.72

我的耳朵後面有白斑，
別再把我跟貓搞混了！
答案見 P.85

我動作慢到身上
都長苔了～
答案見 P.101

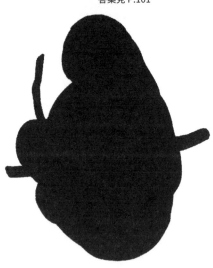

其實我的白毛是透明的，
皮膚是黑色的！
答案見 P.77

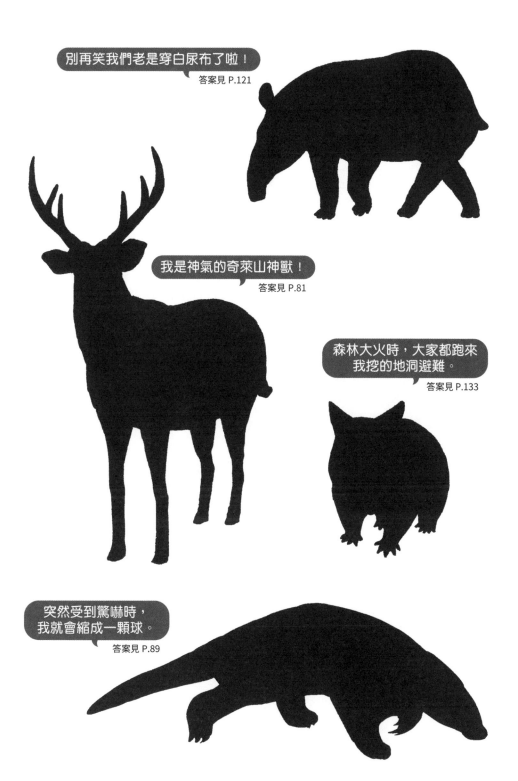

別再笑我們老是穿白尿布了啦！

答案見 P.121

我是神氣的奇萊山神獸！

答案見 P.81

森林大火時，大家都跑來
我挖的地洞避難。

答案見 P.133

突然受到驚嚇時，
我就會縮成一顆球。

答案見 P.89

大食蟻獸

🎤 受訪動物 —— 姓名：比比／性別：不詳／年齡：青年

希望土地別再發燙

最近螞蟻的味道如何？

如果我們愛你呢？

變得好好吃！

那我分你螞蟻！

地球是誰我不認識。

想對地球說什麼？

📁 **動物小檔案**　　大食蟻獸　　　　　　　　**瀕危指數：易危（VU）**

別名：無

英文名：Giant anteater

學名：*Myrmecophaga tridactyla*

分布區域：中美洲及南美洲，從貝里斯南部一路經巴西、到阿根廷北部。

主食：螞蟻、白蟻。

體型：包括尾巴的體長為 182 至 217 公分。

♡野生動物內心話 　大食蟻獸 —— 比比

螞蟻變得比以前好吃

春花媽：「你覺得最近的天氣跟環境如何？」

比比：「熱的時候變長了，冷的時候變短了，溫溫的時候很多，這樣我就要更常洗澡了。」

春花媽：「你喜歡洗澡嗎？」

比比：「我喜歡洗澡，當我的毛跟著水一起動起來的時候，會覺得自己飄起來，我喜歡這種感覺。」

春花媽：「感覺很不錯呢！那除了洗澡，生活中還有什麼事情也會讓你覺得開心呢？」

比比：「吃螞蟻呀！」

春花媽：「那你最近找得到夠多的螞蟻嗎？」

比比：「沒有⋯⋯那你有嗎？可以分我一些嗎？我會記得吃少一點，留給你多一點！」

春花媽覺得抱歉：「我也沒有耶⋯⋯」然後繼續問：「螞蟻最近吃起來味道有改變嗎？」

比比：「就是好吃，變得更好吃。因為不那麼容易吃到，吃到了就好開心，好好吃、好好吃！」

比比一邊說著，一邊露出了甜甜的笑容。

你喜歡自己的媽媽嗎？還記得爸爸嗎？

春花媽：「那你喜歡自己的媽媽嗎？」

比比：「喜歡啊，我最喜歡媽媽，我從前就在她身上。小時候媽媽帶著我搖來搖去，後來我變大，有時候會搖媽媽，媽媽有時候受不了，就會把我搖下來，我們就會這樣玩很久～有時我們會彼此卡很久，都搖不動！媽媽有時候會伸出舌頭偷舔我一下，我嚇到就掉下來了！」陷入回憶的他，講到自己笑得蹲下來，超可愛的～

春花媽：「那你記得你的爸爸嗎？」

比比：「我知道那是另一個媽媽，但是我沒有看過他。我有看過別的大食蟻獸，但我不知道那是不是我爸爸，媽媽沒有忘記，但是她沒有跟我說。」

春花媽：「那你以後會不會⋯⋯也變成被忘掉的爸爸呢？」

比比思考很久了，一直沒說話，毛髮濃密的他看不出來有沒有皺眉，但是感覺相當的沉重啊……

比比：「我是不知道爸爸去哪裡了，他應該也是跟我一樣的動物，但是他可能跟我外表長得一樣，裡面不一樣吧！因為我知道我需要媽媽，媽媽也需要我，所以我們就可以繼續在一起了；爸爸可能不知道，或是說當他需要媽媽的時候，才會想起自己喜歡被搖搖的感覺。有一天我可能也不想跟媽媽一起搖了，因為媽媽說那是一定會發生的事。雖然現在我不懂，但是有天當我想要自己一個我的時候，我就會懂爸爸，可能到那時候，我就會想起他了吧……」

春花媽：「不用思念爸爸嗎？」

比比：「如果你很想他，你可以想。但是我不想，所以也不用記起來。」

我不知道同伴在哪呀！

春花媽：「你有同伴嗎？最近經常看到他們嗎？」

比比：「我有同伴啊，我以前的同伴是媽媽。」

春花媽：「是喔！那你媽媽現在在哪裡呀？」

比比：「我不知道在哪裡耶。」

春花媽：「為什麼？」

比比：「媽媽以前都整天背著我、帶著我。後來媽媽有妹妹，我就開始自己長大了。」

春花媽：「原來如此，那妹妹呢？」

比比：「她們都還在，但是我不知道在哪裡。」

春花媽：「為什麼呀？不會想知道對方在哪裡嗎？」

比比：「我們喜歡找的是螞蟻，不是大食蟻獸啊！」

春花媽：「哈哈哈，你這麼說也對！那你有老公或老婆嗎？他是怎麼樣的食蟻獸呢？」

比比：「我要跟他說的話，幹嘛跟你說，你長得這麼醜！我才不想跟你說那些甜甜的話！」

春花媽：「喔……好……」

希望土地別再發燙

春花媽：「你看過人類嗎？對我們有什麼感覺？」

比比：「看過啊，我不喜歡你們，你們好奇怪。」

春花媽：「奇怪？怎麼說？」

比比：「我們都躲到彼此不知道對方在哪裡，你們卻找得到我們！你們好奇怪！」

春花媽：「這樣啊……」

比比：「你們又不是要跟我們交配，只想把我們找出來，把我們殺掉。真的很壞！」

春花媽：「對不起……」

比比：「你們是壞動物，不是好動物。」

春花媽只好換個話題：「那你有什麼話想對地球說嗎？」

比比：「地球是誰？我不認識啦！但是我腳下的土地，我希望他不要再發燙了，我感覺他不舒服，我也快活不起來！」

春花媽：「我也希望土地能舒服點，那你有什麼話想對人類說嗎？」

比比：「走開。」

📖 野生動物小知識　蟻族小心！捕蟻神器來了！

大食蟻獸站起來跟人差不多高，是目前現存三大類食蟻獸中體型最大的，包括尾巴體長可達 217 公分，光是頭部就長達 30 公分，長長的吻部讓他有一張比起一般食蟻獸還要有特色的臉。尾巴也很長，幾乎是身體的一半，特殊長相使人過目難忘。

長舌為捕蟻神器

喜歡吃螞蟻或白蟻的他們，偶而也會吃肥滋滋的甲蟲幼蟲或是水果。據報導，成年的大食蟻獸一天可以拜訪 200 座蟻丘，吃下 3 萬隻螞蟻。大食蟻獸沒有牙齒，卻有長達 60 公分的舌頭，長得又細又長，可以伸出嘴外達 50 公分，1 分鐘能進行 150 次的伸縮，方便快速吸食。而且舌頭上布滿向後突起的乳突，加上會分泌大量的黏液口水，可以黏住螞蟻，使其無法逃脫，成為專門吃螞蟻的神器。

大食蟻獸長長的臉部結構中，眼睛跟耳朵都非常小，也反映出他們的視覺相當不佳，然而為了能夠嗅出螞蟻所在位置，大食蟻獸的嗅覺足足是人類的 40 倍之強。善於游泳與挖掘的他們，卻不會自行挖掘土洞休憩，反而是蜷曲在隱

密植被處或是廢棄的土洞或凹陷處過夜。

養育幼獸習慣獨特

　　體型大、前肢有力的大食蟻獸，除了人類之外，只剩下美洲獅和美洲豹有辦法打食蟻獸的歪腦筋。他們在遇到危險時，迫不得已會以後肢站立，利用大爪和體型迎擊、嚇退敵人。然而，這個動作卻無法阻擋人類的無情獵捕，只為了毛皮與肉，導致大食蟻獸目前在地球部分區域已然絕跡。

　　大食蟻獸基本上是獨居生物，個體之間雖然生活空間略有重疊，但多數時間皆是獨居。每胎只生 1 個的他們，擁有特殊的養育習慣，小食蟻獸在媽媽懷下一胎之前，有長達 9 個月的時間都會趴在媽媽的背上，形影不離的一起活動，畫面相當溫馨可愛（我們的台灣穿山甲也有類似行為喔）。直到寶寶 1 歲多至 2 歲離開媽媽、開始獨立生活後，母食蟻獸才會再度交配與懷孕，所以其實手足間都不會遇到喔。

食量相當驚人的大食蟻獸，一天可以吃下 3 萬隻螞蟻。

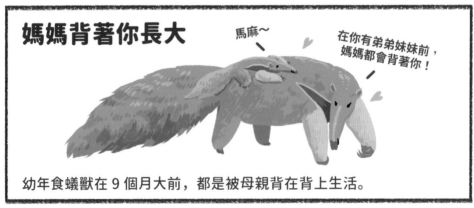

幼年食蟻獸在 9 個月大前，都是被母親背在背上生活。

北極熊

🎙 受訪動物 —— 姓名：瓦達鵟／性別：女／年齡：中年偏老

土地已經餓很久了

你最近吃得飽嗎？

我想不起上次飽的感覺。

你的小孩還好嗎？

他死了。

覺得人類是
什麼動物？

卑鄙、貪心
的玩意。

📁 **動物小檔案**　　北極熊　　　　　　　　　　**瀕危指數：易危（VU）**

別名：冰熊、白熊

英文名：Polar bear

學名：*Ursus maritimus*

分布區域：北極地區。

主食：海豹，偶而捕食海象、鯨豚、馴鹿或鳥及鳥蛋，夏天也會吃莓果及些許海草。

體型：成年公熊直立起來可高達 2.5 公尺。

我想不起上次吃飽的感覺

春花媽：「你最近吃得飽嗎？」

瓦達鶯：「飽？最近常常是餓的。」

春花媽：「那你上次吃飽是什麼時候？」

瓦達鶯：「上一次吃飽的時候⋯⋯有點想不起來了。」

春花媽：「嗯⋯⋯你的家人也跟你一起挨餓嗎？」

瓦達鶯：「我有過家人。」

春花媽：「家人已經不在了嗎？」

瓦達鶯：「上次看見也是很久很久以前的事情了。」

她這樣回答著，彷彿記憶已經久遠到難以回想。

春花媽：「聽說你們算是獨居型生物，你上次看到同伴是什麼時候呢？」

瓦達鶯：「在我小孩還在我身邊的時候。」

春花媽：「那他現在還好嗎？」

瓦達鶯：「他死了。」

得到如此悲傷的答案後，春花媽便沒再繼續問下去了⋯⋯

土地已經餓很久了

春花媽：「你覺得現在的土地跟以前的土地有什麼不一樣？」

瓦達鶯：「土地已經比我的小孩還脆弱。」

說完後，她帶著春花媽回到過去的畫面。畫面中是她的第一個小孩，已經長得蠻大了，坐下時，身高超過了媽媽的背，小孩常會咬著媽媽的耳朵玩。

後來小孩不見了，春花媽看見北極熊媽媽回到洞穴但找不到孩子，情緒有些發狂，洞穴內陌生的奇怪金屬味讓她憤怒，但是追出去卻再也找不到了。

好像隔了很久，才有了第二個小孩。這時媽媽的身體已經很屢弱，瘦了很多，小孩常常無法好好咬著奶頭，這個小孩沒有跟她一起離開洞穴過，就死掉了。

看完這些畫面，春花媽聽見瓦達鶯緩慢地說：「土地現在比我小孩還弱。我的小孩還有吃飽過，土地卻已經餓很久了。」

我們要搶著活下去

春花媽：「你生活中最喜歡做的事情是什麼？」

瓦達鶯：「追到我的獵物，然後吃了他。」

春花媽：「那你覺得自己的打獵技巧好嗎？」

瓦達鶯：「好，但也要有力氣追啊！我有徒手打昏過大塊頭，再把他咬上來吃，你說我強不強？」

春花媽：「感覺很厲害！」

瓦達鶯：「在這片土地能活下來的，沒有不強悍的。這裡是為了考驗動物而存在的土地，我們不是想活，而是搶著要活下去！」

春花媽：「人類感覺沒有『搶著活下去』的考驗……」

瓦達鶯：「人類是卑鄙的東西、貪心的玩意，你們不是靠著自己能力活在這片土地的動物。」

春花媽：「不會尊重彼此的動物，對你們來說真的很多餘，是嗎？」

瓦達鶯：「不懂得尊重自己的動物，也不會被別的動物尊重。」

春花媽：「那……你有什麼話要對我們說嗎？」

瓦達鶯：「你們對我所做的，我也會做在你們身上。」說完這句話後，她便轉身緩緩離開了。

📖 野生動物小知識　養不大的孩子，回不去的地球

如果談到需要被保護的動物，北極熊肯定會被提及，但他們的數量依然年年在減少。

繁殖數量最少的熊

由棕熊演化而來的北極熊，是現今陸地上最大的肉食性生物，也是現今在陸地上打獵最大型的掠食者（最大型的肉食性動物是南方象鼻海豹），同時是熊類當中繁殖數量最少的。母熊一輩子大約只會生產 5 胎，每胎產下約 1 到 4 隻寶寶。在繁殖期過後，養育小熊的責任全落在母熊身上，在寶寶的頭 4 個月，母子會在洞穴內過著不問世事的生活，母熊專心用奶水哺育小熊，期間不吃、不喝甚至不排泄，僅依靠身上脂肪代謝的能量過活。等到春天來臨，母熊帶著小熊走出洞穴時，身形往往只剩下剛進洞穴時的一半不到，而且小熊 2 歲以前都會緊黏著母親生活，跟在母親身邊亦步亦趨，直到可以獨立生活。

但是隨著地球的情況越來越糟，小熊常常來不及長大便死亡了。冰層越來越薄，母熊不得不在海中游上好長一段時間，才能找到食物，但是小熊的身體

無法負荷如此長時間的游泳，等不到媽媽找食物回來，便已在途中夭折⋯⋯

人類文明釀傷害

關於北極熊的生態以及人類帶給他們的傷害，我們已經讀得太多。暖化、獵殺、礦產開發、氣候巨變，這些耳熟能詳的文明傷害正在鯨吞蠶食著北極熊的生活空間，甚至同步影響著他們的食物——海豹。海洋的重金屬汙染了魚蝦，魚蝦被海豹所食，海豹再被北極熊嚥下肚。身為食物鏈頂端的他們，成為受害最深的生物，也變成地球環保的汙染指標生物。但，他們何嘗希望如此？

北極熊又白又胖的大塊頭總帶給人討喜的意象，許多商品標誌也都愛用北極熊的形象，打從「溫室效應」一詞出現沒多久後，人們給予北極熊的關注就不曾少過。然而在如此高度的關注之下，北極熊的數目依然持續下降，甚至瀕臨絕種，而這其中跟人類享受愈來愈便捷的生活直接相關。在每一次貪圖冷暖氣、開車上路的時候，讓我們再多想想瓦達鴛的話吧。

你說的白是什麼白？

其實我是黑肉底！

哪尼！原來你是黑熊!?

其實北極熊是黑皮膚，毛色本身也是透明的喔！

母親像月亮一樣

媽咪我也愛你～

媽咪我愛你！

小熊在滿 2 歲前，都會緊黏著母熊，仰賴媽媽提供乳水與食物。

台灣水鹿

🎙 受訪動物 —— 姓名：力亞琵／性別：男／年齡：壯年

鹿是你們人類在喊的

你喜歡被稱為「鹿」嗎？

我不知道什麼是「鹿」。

會想對人類
說什麼呢？

你們記得我們
一起生活過嗎？

你最喜歡身體
哪個部位？

眼睛，是我看到
一切的起源。

📁 **動物小檔案**　　台灣水鹿　　　　　　　　　**瀕危指數：易危（VU）**

別名：水鹿　　**英文名**：Formosan sambar、Formosan sambar deer

學名：*Rusa unicolor swinhoei*

分布區域：台灣海拔 2000 公尺以上之原始森林中。

主食：嫩芽、嫩葉與樹皮。高海拔地區最常食用的是玉山箭竹、高山芒及紅毛
杜鵑此 3 種優勢植物。

體型：體長 170 至 240 公分，雄鹿肩高可達 120 公分，雌鹿則約 80 公分，尾
長約 15 至 30 公分。

所以到底什麼是「鹿」啦！

春花媽：「你喜歡你們被稱為『鹿』嗎？」

力亞琵咬下一口草說：「那是什麼意思？」

春花媽：「人類稱呼你們為『鹿』。」

他繼續邊嚼邊問：「那『鹿』是什麼意思呢？」

春花媽：「人類根據你們的樣子畫了一個圖（傳甲骨文的樣子給他看），這叫做文字，然後因為要跟大家說明，所以就發出了聲音叫做『鹿』。」

力亞琵：「我草都吃完了，還是聽不懂你在說什麼。」他把草一口吞進肚子裡然後這麼說。

春花媽：「我講話很難懂嗎？」

力亞琵：「是不是因為你耳朵長太遠，所以聽不懂別的動物的不懂，真可憐！」

春花媽摸摸自己的耳朵，思考自己是不是真的很可憐。

我更喜歡自己的眼睛

春花媽：「有的人特別愛你們的角，你最喜歡自己身體的哪個部位？」

力亞琵：「眼睛。」說完他用力眨了眨眼。

春花媽：「怎麼說呢？」

力亞琵：「那是我看到一切的起源。我喜歡眼睛睜開時看到的世界。」

春花媽：「世界給你的感覺很美好嗎？」

力亞琵：「有時候當聲音傳進來，眼睛也可以接受到一樣訊息的時候，會深刻感覺自己的感官是一體的。你懂這樣的感受嗎？」

春花媽：「你說的好棒唷，我也開始喜歡我的眼睛了。」

力亞琵：「我還喜歡我的毛，但是你的毛好少！」

春花媽抓抓頭髮：「對，那你為什麼喜歡自己的毛呢？」

力亞琵：「我的毛會根據不同的時候，變得不一樣。我喜歡在環境逐漸變得不一樣的時候，感覺到那時的變化，這樣我就會覺得自己跟著大自然一起變化，是跟大自然是一起成長的。我喜歡在一起的感覺。」

隱形又不隱形的奇怪人類

春花媽：「你見過人類嗎？」

82

力亞琵：「見過�，我這邊很多，有時候人只是安靜地經過或者看著我們，我們彼此都是隱形的。」

春花媽：「那不安靜的時候呢？」

他用疑惑的口氣繼續說：「有時候你們還沒到，聲音跟狗就先到了，我們就知道危險來了。你們到底是希望我們知道你們來了？還是不希望我們知道你們來了？你們真的很怪。」

我們曾經一起生活過喔！

春花媽：「你想對我們人類說什麼話？」

力亞琵：「你們會想念跟我們一起生活的日子嗎？」

春花媽：「一起生活？」

力亞琵：「我的祖先說，我們跟人類曾經一起生活過。我自己不懂那樣的日子，但我想問，你們會想要跟我們一起生活嗎？分享彼此，而不是破壞彼此的團結？」他認真地回想祖先說的話。

春花媽：「日本的鹿也跟我說過一樣的話耶！」

力亞琵：「祖先說，我們聞起來曾經是一樣的味道，但是我沒見過有鹿味道的人。你們有印象嗎？」

📖 野生動物小知識　鹿茸曾是他們瀕危的原因！

比起常聽到的梅花鹿，台灣水鹿較少人認識，但他們是台灣三大原生鹿種裡面體型最大的一族。水鹿也是登山好手，蹄甲堅硬且四肢有力，可以輕鬆在陡峭的溪谷與崎嶇的山地行走（別想跟他們 PK 爬山，別想！）。

超廣角視野高警覺

一百多年前，台灣水鹿曾是我們賴以生存的重要資源之一，海拔約 300 公尺的淺山一帶常常可以見到他們。如今因為開發和人為干擾，他們的棲地逐漸提升到海拔約 2000 公尺以上的高山地區，成為台灣居住海拔最高、體型最大的草食動物。

台灣水鹿的眼睛長在臉的兩側，可以同時看見左、右和後方的事物，超廣角的視野範圍將近 300 度，即使是在低頭吃草的時候也能夠耳聽四面、眼觀八方，隨時保持警覺。此外，他們又被稱為「四目鹿」，由於水鹿的「眶下腺體」

在興奮或緊張的時候會張開並噴出分泌物，遠看像有 4 隻眼睛而得名。

攝取鹽分出奇招

　　雌鹿與幼鹿過著群居生活，雄鹿則多半喜歡搞孤僻，偏偏他們的鹿茸與鹿鞭是珍貴的中藥材，常引來殺機，因此比起天災，狩獵和棲地破碎曾是水鹿生存的最大危機！目前有許多商人經營鹿場，專門繁殖與收割水鹿的鹿茸與鹿鞭。在保育意識逐年高漲、大眾較樂於關心生態的氛圍下，野生水鹿的數量逐漸回升，卻也因為沒有天敵，許多問題日漸浮上檯面。

　　高海拔地區的天然鹽鹼地稀少，水鹿們會守候在登山客的營地附近，等待他們小便後攝取一波鹽分。水鹿的出現，把人、動物和環境緊密連結在一起，更是值得我們省思的指標性物種。爬山的時候，遇到可愛的水鹿們記得保持安全社交距離，拍照不要開閃光燈，也不要大聲喧嘩和追逐，才能重拾我們與鹿最溫柔相待的連結。

台灣水鹿是台灣特有亞種，也是國內體型最大的草食動物。

台灣水鹿緊張激動的時候，會張開「眶下腺體」噴出分泌物喔！

台灣石虎

一起生活真的很難？

你們過得好嗎？

我你們過得好，
我們就會好。

生活環境上
有什麼改變嗎？

很多路變好走了，
卻很危險。

會害怕種族
滅絕嗎？

我不懂，
你們想殺光我們嗎？

📁 **動物小檔案** 　台灣石虎　　　　　　**瀕危指數：全台推估剩下 500 隻**

別名：山貓、錢貓、豹貓、金錢貓、華南豹貓

英文名：Leopard cat

學名：*Prionailurus bengalensis*

分布區域：苗栗、台中、南投。

主食：小型哺乳類、兩棲類、爬蟲類、昆蟲、鳥類。

體型：體長約 55 至 65 公分，體重約 3 至 6 公斤。

你過得好，我們就會好啊！

春花媽：「你跟你的同類們現在過得好嗎？」

多冷冷的回問：「你過得好，我們就會好，我們不是一起生活著的嗎？那你們過得好嗎？」

春花媽：「嗯⋯⋯希望你們能過得好。那～最近吃得飽嗎？」

多：「住上面一點的吃得還可以。我們有時候可以吃很多，但是有時連續好幾天都沒有。」

春花媽：「那吃不飽的時候你都怎麼辦？」

多：「就跟下雨一樣啊。有時候雨一直下，有時候太陽一直在，那都不是我們能決定的。」

春花媽：「但是你們已經很少了，又讓你們餓肚子，是不是太可憐了？」

多：「你可憐你自己吧！」

會殺你的動物不只人類

春花媽：「還有一件事情，我⋯⋯我也想問問你。」

多低頭舔手，沒有走開也沒有看我。

春花媽：「會殺你的動物不只人類，你⋯⋯知道嗎？」

多：「知道！而且你們出現的地方，他們就會變得更多，你們就是一起的！」

「不！不⋯⋯是的。」春花媽腦中閃過很多流浪狗的畫面，想起很多在路邊亂撒一地的乾糧，或是人類隨意亂丟在路邊的食物⋯⋯

春花媽：「活下去，真的很難。」

多冷冷地說：「是你們人類讓一切變得更難。那些動物跟我們不一樣，不會收斂自己的行為，會為了食物過度爭奪，不會自己抓食物、等食物出現。如果不是天天出現，對我們的追捕就更加殘暴，我們死了他們還是繼續向人類討食，但是我們從來就是靠自己。是你們讓他們變成貪婪的動物，你們一樣壞！」

你的馬路，我的黃泉路

春花媽：「現在的生活如何呢？」

多：「現在很多路變得很好走，卻很危險。我把大便大在路中間，說『這是我的路』，你們也是照樣經過了，很多動物都不怕我們了啊！」

春花媽：「我想你說的路，是指我們開墾的馬路……真的很抱歉！那你最害怕遇到什麼生物呢？」

多：「一種很奇怪的蟲，他的肚子裡有沒吃完的肉，我從外面就看得到。我親眼看過我弟太餓去吃，就被蟲吃進去，再也出不來。我咬那個蟲，他也不怕，都不放我弟出來！」春花媽聽著這樣的形容，腦中浮出誘捕籠的畫面。想必這對石虎來說，是不能理解且非常可怕的生物吧。

不論我們死活，你們都沒有靈魂了

春花媽：「你有小孩嗎？小孩現在過得好嗎？」

多：「我剛生完，他們已經不跟我在一起了，我會看到我女兒，不過不是天天。」

春花媽：「你會害怕有一天再也看不到同伴，你們的種族有一天徹底消失嗎？」

多：「我不懂這個問題的意思，你們想要殺光我們嗎？」

春花媽：「不！我們不想！你對人類有什麼想法嗎？」

多：「你們夠喜歡我，我就會喜歡你們。我不能明白，一起生活真的很難嗎？」

春花媽：「我們會努力打造能一起生活的環境。」

多：「祖先住在這裡的時候，你們殺我們都會尊敬我們的靈魂，讓我們可以好好安睡。現在不論我們死活，你們都沒有靈魂了。人類為什麼再也不願意好好看著我們了呢？」多說完話，頭也不回地轉身離去。

📖野生動物小知識　亞洲東南部都有石虎，卻只有台灣的難以生存

可愛的石虎，外觀特徵近年來已經廣為流傳。他們是食肉目貓科動物，多半生存在海拔 500 公尺以下的淺山地區，尤其喜愛林地、草生地和農業地鑲嵌的環境。石虎的活動範圍非常廣，一隻石虎的活動範圍是 129 至 795 公頃（大安森林公園是 26 公頃喔！）。他們喜歡在寬廣且明顯的路中央留下糞便，來標示自己的領域範圍，擅長捕獵小型動物，主要在夜間活動。

與人為鄰危機四伏

適應力、生存力強的石虎，東亞、南亞都普遍存在，且曾經分布全台各地（台北、大溪曾經也是石虎的家！），但為什麼現在卻難以存活？答案你我都很清楚──人類。

毛皮交易、人為開發、狩獵、山產交易是造成早期台灣石虎數量大減的主

要因素，而現今石虎的生存危機則是：棲地開發、人為活動進入後產生的非法捕獵、路殺與毒殺等，以及外來種（犬、貓）競爭與威脅。而石虎最常被人類捕獵的原因，是當地居民們認為石虎會捕殺人類圈養的雞，因此以獸鋏、毒餌對付他們。

流浪犬貓帶來風險

再來便是經常傳出的路殺事件。目前全台僅存的石虎數量推估只有 300 至 500 隻，然而卻因為林地被開墾、鋪路，導致棲地破碎化，石虎為了生存，必須頻繁穿越馬路而成為輪下亡魂，光是 2011 至 2018 年，就有 68 隻個體因路殺而死亡。500，正在不斷地「-1」。

而流浪犬貓與石虎的出沒地區高度重疊，也是近年來逐漸被關注的議題。貓與石虎會相互競爭食物與棲地，且可能與石虎產生雜交種，而犬隻會集體攻擊石虎，加上兩者都可能將疾病傳染給石虎（犬小病毒與貓小病毒），使石虎的生活雪上加霜。

台灣穿山甲

🎙 受訪動物 —— 姓名：達／性別：男／年齡：青年

你想騙我縮起來嗎？

你跟哪種動物
是好朋友？

你對同伴
有什麼感覺？

鳥啊，他們唱歌很好聽。

走開啦！

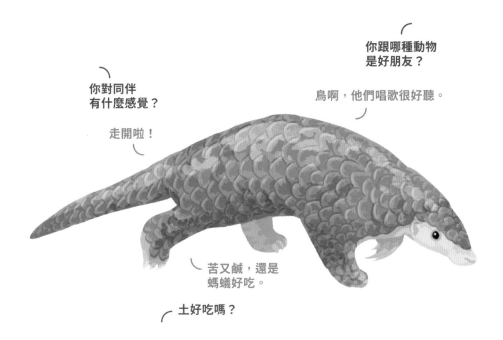

苦又鹹，還是
螞蟻好吃。

土好吃嗎？

📁 **動物小檔案** 台灣穿山甲 　　　　　　　**瀕危指數：極危（CR）**

別名：鯪鯉

英文名：Formosan pangolin

學名：*Manis pentadactyla pentadactyla*

分布區域：主要在台灣淺山森林。

主食：螞蟻和白蟻。

體型：全長 75 至 95 公分，體重約 3 至 6.5 公斤。

你是不是想騙我縮起來？

春花媽：「在山裡的時候，你曾遇過野狗攻擊嗎？」

達：「我沒真的遇過，但是我看過。這邊已經有三批狗了，第一次是黑的，然後現在黃的，還有黃黑的，但是黑色的比較多。」

春花媽：「山裡還有這麼多野狗啊？」

達：「對啊，有時候你們會來抓走，有時候他們會自己不見，但是不論哪種顏色，只要看見我們，都會想吃我們。」

說到這邊，達忍不住激動起來。

達：「上次我看見兩隻狗抓到一個我們！反覆推去撞樹，然後一直踩、一直踩，後來是你們有人來，他們才邊罵邊跑不見。」

春花媽：「好可怕，那你的同伴還好嗎？」

達：「我不知道，我不知道他有沒有受傷，我很害怕，我就躲起來，不敢一直看。」

春花媽：「躲起來？我還以為你們都是縮成一球。」

達：「看到不正常的動靜就躲起來，真的太突然才會縮起來，然後再快點跑。」

春花媽：「那你有遇過縮起來之後，就不見了的同伴嗎？」

問到這邊，達用可疑又警戒的眼神看著春花媽，態度咄咄逼人。

達：「不管有沒有縮起來，我知道你們都會把我們整個抓起來。」

春花媽：「我不會……」

達：「我看過你們把一對母子帶走，你現在這樣問，是想要騙我縮起來嗎？」

春花媽：「沒有啦，我只是想跟你說，這樣縮起來很容易被抓走。」

達：「你幹嘛抓我們啦！」

聽到達的指控，春花媽連忙澄清，穿山甲真的不是她抓的。

春花媽：「沒有，我真的沒有，我只是……」

被冤枉的春花媽話還沒說完，達就用尾巴甩了她一記熱辣辣的大耳光！

不是森林該有的，就應該帶走！

有鑑於上次聊天時激烈的結尾，春花媽過了兩天，等彼此心情平復之後，再次跟達連上線。

春花媽：「聽說你小時候都趴在媽媽的身上生活啊？」

達：「對啊。」

春花媽：「你覺得這跟踩在地上感覺有什麼差別？」

達：「就是要練習抓抓，跟往後退的時候不要跌倒。」

春花媽：「那你比較喜歡哪一種？媽媽的背，還是土地？」

達：「媽媽是一直溫溫的，土地不會啊！在土地上都要自己走，在媽媽身上還可以睡覺，所以我喜歡媽媽。我也喜歡鳥啊，我喜歡聽他們唱歌。」

春花媽：「我也是，鳥叫聲都很不一樣耶。」

達：「聽得懂的就笑，聽不懂的當聲音就好。他們飛高高的，也會告訴我有哪些危險靠近。」

春花媽：「那你覺得人類怎樣？」

達：「有時候會幫助我們，有時候會嚇到我們。東摸西摸，有時候會留下很奇怪的東西，發出一些這裡沒有的聲音，那就不是森林應該有的東西啊，應該帶走！」

一說到人類，達叨叨絮絮抱怨了一堆，春花媽連忙稱是，這一次，穿山甲沒有再甩她大尾巴了。

📖 野生動物小知識　生活在山中的魚

神話地理志《山海經》記錄某種奇獸：「有魚焉，其狀如牛，陵居，蛇尾有翼，其羽在鮇下，其音如留牛，其名曰鯥，冬死而夏生，食之無腫疾。」有一種叫做鯪鯉的動物與記載相似，在台灣，他有一個更廣為人知的名字──穿山甲。

唯一有鱗片的哺乳類

穿山甲主要食蟻維生，在成年之前，穿山甲寶寶都是由媽媽背負在身上行動。他們夜行穴居，天生沒牙，擁有長舌卻無叫聲，胸腹有毛，卻是唯一有鱗片的哺乳類。

《山海經》最後的那句「食之無腫疾」，古人認為，吃了該魚的肉，就能消腫不長毒瘡。在傳統中藥裡，穿山甲就是一帖藥方。中國人相信他的鱗片有活血化瘀、消積散結功能。但事實上，中藥材裡的穿山甲鱗片、犀牛角的成分，其實跟人類指甲一樣，都只是角蛋白而已。

在台灣，穿山甲最常見的直接威脅，大概就是野犬攻擊。雖然穿山甲遇到

危險會蜷縮成團保護自己，但許多野狗仍然會因為好奇好玩去攻擊啃咬，所以人類不棄養寵物，養成遛狗牽繩的好習慣，其實就是對野生動物多一層保障。

人工哺育成功！

許多學者想了解穿山甲的生態卻困難重重，因為穿山甲會藏匿糞便，再加上活動範圍廣大，追蹤困難。但是經過多年的努力，台北市立動物園已經成功調配出適合穿山甲的人工飼糧。有的小穿山甲因為母親受傷，無法獲得妥善照護，動物園也憑藉經驗，養育出全球第一隻人工哺餵的穿山甲，並且讓他成功繁衍下一代。

曾經是穿山甲大宗出口國的台灣，現在知道要拒買拒食、檢舉盜獵，大家都在努力打造穿山甲的安居地。所以看到穿山甲，我們可以怎麼做呢？最好的方式，應該就是放慢車速／腳步，不觸碰，不搬移。如果是受傷的穿山甲，請將之安置後，立即通報當地警察局或動保組織幫忙，讓可愛的穿山甲回歸山林，千萬不能私自飼養，以免觸法。

天生長舌，何止三寸

看我來大吸特吸一番！

穿山甲生來沒牙，舌頭伸長可達 20 公分，便於吸黏蟻類。

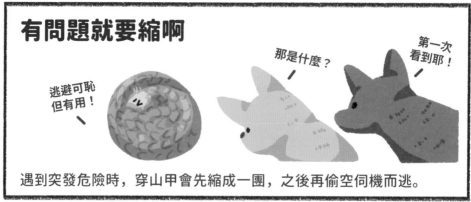

有問題就要縮啊

逃避可恥但有用！

那是什麼？

第一次看到耶！

遇到突發危險時，穿山甲會先縮成一團，之後再偷空伺機而逃。

台灣食蛇龜

🎤 受訪動物 —— 姓名：哪利／性別：不詳／年齡：青少年

你們才是食蛇人吧！

你們吃蛇嗎？

我們不會吃蛇啦！

那你喜歡吃什麼？

小小的果子最好吃～

環境有改變嗎？

這裡根本不是我家⋯

📁 **動物小檔案** **台灣食蛇龜**　　　　　　　　**瀕危指數：瀕危（EN）**

別名：黃緣閉殼龜、黃緣箱龜、山龜

英文名：Yellow-margined box turtle

學名：*Cuora flavomarginata*

分布區域：海拔 1000 公尺以下的淺山森林、丘陵、平原環境。

主食：果實、花朵、葉子、蚯蚓、蟲子、蛞蝓等。

體型：背長約 18 公分。

我們被整個抓走

春花媽：「你覺得最近的環境有改變嗎？」

哪利：「整個都不一樣了啦！這裡根本不是我的家。」

春花媽：「那你在哪裡呢？」

哪利：「我們被整個抓走，然後被裝起來，又被裝到更暗更小的地方……然後撞來撞去，又看到太陽……然後又被撞來撞去，換到大一點的地方……然後又撞來撞去，然後被放出來。」

春花媽：「聽起來很辛苦……」

哪利：「後來終於又回到泥土，但是這裡不是我家，可是不用撞來撞去，真的感覺很好。我有一部分的殼裂開了，我的朋友不見了，大家都要練習在這邊生活。雖然這邊好擠，但是大家也都剛到這裡，還不知道可以移動到哪邊。」

春花媽：「那你有見過人類嗎？對人類有什麼感覺？」

哪利：「以前沒有常見，但是後來很常，不過他們已經不會抓我們，也不會把我們撞來撞去。雖然偶而會有朋友不見，但是也有再回來的，也有不認識的新朋友來。這邊龜好多，連草看到我們都累了吧？」

春花媽思考了一下，認為應該是收容所之類的地方，於是便沒再繼續問下去。

那你們應該叫食蛇人啊

春花媽：「很多人類都說你吃蛇，但好像不是這樣？」

哪利：「我們不會吃蛇啦！你會吃嗎？」

春花媽：「人好像會，那蛇會吃你們嗎？」

哪利：「我們不吃蛇，我還沒被蛇吃過，但是我有看過蛇吃蜥蜴，很大口，很可怕。沒有龜會吃蛇啦，我們會被弄死！」

春花媽：「那你喜歡吃什麼？」

哪利：「我們喜歡吃果子啦，小小的果子最好吃。」

春花媽：「是喔，那現在果子都還好吃嗎？」

哪利：「現在來這裡，食物有時候會從天上掉下來，很多果子沒有長在樹上，就這樣自己出現了。我們會看到一些人類走過，他們會長果子出來，有時候很新鮮，有時候不新鮮。」

「但是猴子會跟我們搶。這裡也好多猴子。有好多次我被拿起來放去別的地方，

還有被丟過，嚇得我都不敢出來！」哪利繼續說著，但語氣帶著一絲緊張。

春花媽：「我沒看過你吃蛇，只是你被人類稱作『食蛇龜』，我們人類以為你會吃蛇。」

哪利：「那你們應該要叫食蛇人啊，因為你們會吃蛇。」

春花媽笑著說：「如果真的要用人類會吃的東西當作名字的話，你每喊一次我們的名字，應該都可以睡一覺起來了。」

你們不喜歡回家嗎？

春花媽：「你的很多同伴被抓走了，你知道這件事嗎？」

哪利：「知道啊，不然我怎麼會沒辦法回家，怎麼會有越來越多陌生的朋友來到這裡。」

春花媽：「對於回家，你有什麼想法？或者你有什麼話想跟人類說嗎？」

哪利：「你們是不是不喜歡回家，也不喜歡自己本來睡覺的地方啊？」

春花媽：「啊？怎麼會這麼問？」

哪利：「我跟你們不一樣，我很喜歡家，我很想念我家的土味。我還是個小朋友，我想念我家那邊葉子的味道，這邊的葉子也很多，但是我想要回到自己的家。」

春花媽：「嗯……」

哪利：「你知道我把葉子弄得爛爛的，加上我挖得軟軟的土，是很香很香的味道嗎？現在我的身上已經都沒有那樣的味道了……」

說著說著，他便哭了起來……，空氣中只剩下他的哭聲。

📖 野生動物小知識　我都不吃蛇了，那你為何要吃我？

食蛇龜，這名字乍聽之下很威猛吧？

他是許多傳說的主角，上古開始就流傳他會以龜甲夾住蛇，並以蛇為食，甚至擁有毒性，使許多人又懼又怕。在某些鄉野傳奇中，食蛇龜更是充滿神祕感，傳說被食蛇龜咬到之後非死即傷，甚至有人說他白天是蛇龜，晚上則是……龜蛇？

但是以上這些傳說，食蛇龜自己聽到後大概只會覺得黑人問號。

閉鎖龜甲為自保

雖然名為「食蛇龜」，但他從不吃蛇，他只吃自己嘴巴吃得下的小果子、

蚯蚓、小蟲等，而且他生性溫和，身上更從來沒有毒性。食蛇龜屬於「閉殼龜」，傳說中威猛無比的龜甲，其實只是拿來保護自己用的，他在遇到危險時，會立刻將龜甲閉鎖，將身體完整藏在龜殼中，以避免遭受敵人的攻擊。

然而這樣的自保方式，卻成了他們的致命傷。

真正天敵是人類

由於龜板在中國中藥市場的炒作，台灣食蛇龜變成炙手可熱的寶物，明明是珍稀的保育類生物，卻在不法捕捉之下急遽減少，比起環境、氣候的威脅，食蛇龜真正的天敵就是人類。原本用來躲避鳥類、蟲類攻擊的龜殼，在閉鎖之後，卻成為人類眼中的甜美寶物，設下陷阱之後一個個裝入袋中，就可以馬上走人。這個「台灣唯一的陸棲龜」，從原本滿山遍野的存在，變成難得一見的保育類動物，正面臨前所未有的生存危機，他們，是活生生被「抓」完的。

至於你問，那為何中國不捕捉自己的食蛇龜，偏要來捉台灣的？答案是：中國的已經抓完了！

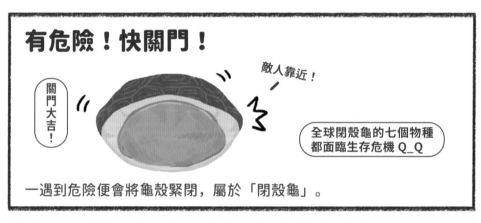

有危險！快關門！

關門大吉！

敵人靠近！

全球閉殼龜的七個物種都面臨生存危機 Q_Q

一遇到危險便會將龜殼緊閉，屬於「閉殼龜」。

要被「抓」完的食蛇龜

這也太好抓了，發財啦！

因為捕捉相當容易，且中國需求龐大，台灣食蛇龜瀕臨滅絕。

印度犀牛

🎤 受訪動物 —— 姓名：為什麼要告訴你／性別：男／年齡：青壯年

人類是吵吵的小東西

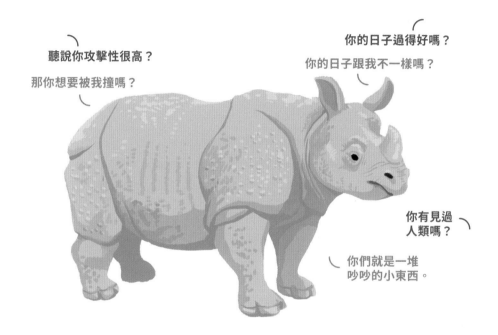

聽說你攻擊性很高？

那你想要被我撞嗎？

你的日子過得好嗎？

你的日子跟我不一樣嗎？

你有見過人類嗎？

你們就是一堆吵吵的小東西。

📁 **動物小檔案**　　印度犀牛　　　　　　　　　　**瀕危指數：易危（VU）**

別名：獨角犀、大獨角犀牛

英文名：Indian rhinoceros、Great Indian rhinoceros、Greater one-horned rhinoceros

學名：*Rhinoceros unicornis*

分布區域：尼泊爾和印度的阿薩姆邦。

主食：草、蘆葦、樹葉和細樹枝。

體型：頭體長 3.1 至 3.8 公尺。

問那麼多幹嘛啦？

春花媽：「請問你叫什麼名字呢？」

印度犀牛：「我為什麼要告訴你啊？」

春花媽：「喔，好……你是地球上最大型的單角犀牛喔！據說你撞向敵人時威武無比呢！你覺得自己的攻擊很屬害嗎？」

印度犀牛：「那你想要被我撞嗎？」

春花媽：「不用不用，是編輯請我問你的。你知不知道自己很屬害？」

印度犀牛怒目瞪著春花媽，不發一語。

「欸……那你有最喜歡自己身上的哪個地方嗎？為什麼呢？」春花媽嘗試假裝剛剛沒被瞪，改問其他問題。

印度犀牛：「皮膚，因為癢癢的時候處理得掉，有時候用泥水，有時候磨樹，都用得掉。」

春花媽：「那你還有其他的地方會癢癢但弄不掉嗎？」

印度犀牛：「有，所以我喜歡我的皮膚，很聽話，有處理就會好。」

春花媽：「可以問你是哪裡癢嗎？」

印度犀牛：「……」

（系統提示：春花媽逃離對話，數日後才再度回來。）

你的日子跟我的不一樣？

春花媽：「最近吃得飽嗎？食物還夠多嗎？」

印度犀牛：「太熱的時候，葉子就乾一點，多吃點再去喝水也是一天。都是要變老，吃飽了再老啊！」

春花媽：「對對對，這樣過犀牛生才是好犀生啊！」

印度犀牛：「醒來找東西吃，吃完找水泡泡，曬曬太陽，弄掉癢癢，找地方睡，醒來再繼續找東西吃，這就是一個犀牛的日子啊！不然你過的日子跟我的不一樣嗎？」他疑惑反問。

春花媽：「一樣一樣差不多，就是我比較沒有常癢癢。」

印度犀牛：「那你會天天吃飽嗎？」

春花媽：「會，我這邊食物很多。」

陸上的野生動物｜印度犀牛

你們就是一堆吵吵的小東西

春花媽：「在你的生活環境裡面，這幾年來有什麼改變嗎？」

印度犀牛：「這邊的日子是差不多，大家小孩也是慢慢生，我也是慢慢老。」

春花媽：「聽起來不錯呢。那你有見過人類嗎？」

印度犀牛：「你們就是東西，一堆吵吵的小東西。不過現在有你這樣的東西來，也是小聲慢慢的，不會像以前的你們這些東西大小聲的。」

春花媽：「我們以前很大聲呀？」

印度犀牛：「之前還有把小孩帶走，但是有帶回來！不然！我見你們一次撞一次！」犀牛口氣突然變得有些凶狠。

春花媽再度嘗試轉移話題：「聽說你們求偶時，公的犀牛會進行激烈的打鬥，你有打過架了嗎？」

印度犀牛：「我每次趴的都是女生，沒有被男生趴過。這樣你懂嗎？」犀牛轉頭看了春花媽一眼，笑了一下說道。

春花媽：「懂！我懂你很猛。」

📖 野生動物小知識　再怎麼像戰甲，都嚇不跑人類的貪

　　印度犀牛是地球上體型最大的單角犀牛，曾遍及巴基斯坦到緬甸的廣大地區，甚至曾在中國境內廣泛分布，然而現在只存在於印度東北部和尼泊爾境內。

體型壯碩、攻擊力強

　　他們擁有優秀的聽覺與嗅覺，而且各個都是游泳高手。體型壯碩，擁有厚實且寬大的外皮，皮上還有許多鼓起的圓形小包，不管遠看或近看都是一副堅挺的天然戰甲。實際上，這副戰甲的攻擊力也相當強。受到威脅時，印度犀牛會以時速 55 公里的速度快速衝向敵人，加上接近 2 公噸的體重，殺傷力不可小覷。很特別的是，有別於非洲犀牛用大大的犀牛角打鬥，雄性印度犀牛在求偶期間，則是用一對又尖又長的下門牙來撕咬對手。

　　成年的犀牛幾乎沒有天敵，他們最大的天敵，除了棲地逐漸縮小之外，便是人類。

　　犀牛角，被說成「比黃金還珍貴的寶物」，不只色澤美麗，更傳說具有奇效，自古以來，無論印度犀牛怎麼凶猛，從來都逃不過被獵殺的命運。獵人們割下所需的犀牛角後，便將犀牛棄置原地，直到今天，仍有許多盜獵者偷捕犀

牛角，並以驚人高價銷往最迷戀犀牛角的中國，不論是非洲還是亞洲的犀牛，無一倖免。但令人振奮的是，世界上 5 種犀牛的保育工作，在印度犀牛身上獲得了最佳成果。約一個世紀前僅剩 200 餘頭的印度犀牛，在印度與尼泊爾政府的極力保護下，近年來已經回復到 2700 餘頭。

卡齊蘭加國家公園設保護

　　提到保護印度犀牛，不得不提及印度的卡齊蘭加國家公園。這個由濕地、草原和熱帶叢林組成的國家公園是世界上最重要的印度犀牛保護區，佔地 430 平方公里，有著極度豐富的物種多樣性，在保護野生動植物方面成效卓著，園內護林者皆以保護野生動物之職為榮。為了遏止盜獵者的猖獗，該公園霸氣宣布：「護林員可直接射殺盜獵者，無須負擔任何法律責任。」這項法令成功嚇阻了盜獵者，現存 2700 餘頭的印度犀牛中，有近 2000 頭皆在卡齊蘭加國家公園的保護下，繼續奮勇過活。雖然這條法令引起不小爭議，但我們不得不接受一個事實：印度犀牛靠此成功活了下來。

動物界的最強坦克

有種坦克就叫做「犀牛坦克」！

時速 55 公里＋重達 2 公噸＝鐵甲戰車

每隻犀牛都是敏感肌

我都靠泥巴浴來保養我的皮膚

皮膚皺摺多且敏感，幾乎每天都會滾泥潭來驅除寄生蟲。

侏三趾樹懶

慢就是活著的感覺

陽光和水比較
喜歡哪個？

太陽，因為
不用動就會變熱。

媽媽是什麼樣子的？

跟你很像啊。

想和世界
說什麼呢？

吃飽了慢慢等睡覺，
會很好睡。

📁 **動物小檔案**　　侏三趾樹懶　　　　　　　　　　瀕危指數：極危（CR）

別名：無

英文名：Pygmy three-toed sloth

學名：*Bradypus pygmaeus*

分布區域：僅存於巴拿馬加勒比海岸附近的貝拉瓜斯省盾島（Isla Escudo de Veraguas）。

主食：以紅樹林的樹葉為主食，也會食用身上的藻類。

體型：身長約 50 公分，重約 2.5 至 3.6 公斤。

游泳和被媽媽抱很像

春花媽：「你還記得媽媽嗎？你印象中的媽媽，是什麼樣子的？」

噗噗皮拉：「跟你很像啊。」說著，小樹懶伸手輕輕刮春花媽的臉，摸著，然後將身體移動到另外一側，就這麼掛在春花媽身上睡覺。畫面中跑過了一日一夜，看來噗噗皮拉就這樣睡過了一天。

春花媽：「聽說你們很會游泳，你游過泳嗎？」

噗噗皮拉依舊掛在春花媽身上：「會啊！就是跟被媽媽抱著很像啊～不用太用力就可以前進，有時候太下去，還是可以浮起來，很簡單啊。越放鬆水就會鬆，然後就會一起鬆鬆的流動，很安心的感覺。」

春花媽：「那你喜歡曬太陽嗎？陽光和水，你比較喜歡哪一個？」

噗噗皮拉：「當然是曬太陽啊！因為都不用動就會變熱。」

睡覺起來再吃，蛾都變新的

春花媽：「那～你喜歡和你身上一起長大的蛾還有藻嗎？會不會癢？」

噗噗皮拉：「喜歡啊，我跟他一起吃飽，他飽了我也吃飽，我睡覺起來再吃，蛾都變新的，食物也有新的。」

春花媽：「有人觀察到你們上廁所時，都要慢慢爬下樹再上，順便讓蛾可以到地上。這樣上上下下，你會不會覺得很麻煩？」

噗噗皮拉：「不會啊，因為大便在旁邊好臭。」

春花媽：「人慢下來的時候常常會想很多事情。你自己在樹上時，也會這樣想事情嗎？」

噗噗皮拉：「我在想要睡著，然後就睡著了。」

春花媽：「你會覺得自己『慢』嗎？『慢』對你來說是怎麼樣的感覺呢？」

噗噗皮拉：「就是活著的感覺，我是這樣活著的啊！」

沒有吃飽的時候，來不及想

春花媽：「現在的生活，你覺得還容易嗎？」

噗噗皮拉：「容易是什麼意思？」

春花媽：「就是可以吃飽睡、睡飽吃，好好大便，再好好睡覺。」

噗噗皮拉：「可以啊！但是之前不行，因為我媽媽不見了。」

噗噗皮拉回想：「那時候我不知道該怎麼辦，是另一個媽媽抱我過去，我才可以睡覺，不然我不敢動。」

春花媽：「那你現在的媽媽呢？還會抱你嗎？」

噗噗皮拉：「會啊，但是現在沒有抱到。知道本來的媽媽死掉了，不能抱我了，後來的媽媽沒有死掉，但是也不能再抱我了，她不在這個樹上了。」

春花媽：「那你會想她嗎？」

噗噗皮拉：「吃飽的時候會，沒有吃飽的時候，來不及想。」

春花媽：「謝謝你。可以和我們分享一句，想要傳遞給這個世界的話嗎？」

噗噗皮拉：「吃飽了就慢慢等睡覺，會很好睡。」

📖 野生動物小知識　真要動起來可不懶難以生存

　　侏三趾樹懶僅存於巴拿馬北岸約離岸 30 公里的貝拉瓜斯省盾島，過去一直都被視為和三趾樹懶是同一個物種，直到 2001 年，才被確認是另一個獨立的物種。由於島嶼侏儒化的緣故，使得侏三趾樹懶成為三趾樹懶屬中體型最小的物種，也是世界上 6 種樹懶當中最小的。

尿尿便便才下樹

　　生活在紅樹林的他們，和其他的三趾樹懶一樣，通常只有在需要排尿和排便時才會下樹，而且 7 天才會下樹大便一次。在侏三趾樹懶及所有樹懶物種的皮毛中，都發現樹懶特有的共生綠藻類（*Trichophilus*），為樹懶提供了保護色，卻不會對他們造成健康上的傷害，而且還可以拿來吃。這種藻類不僅從樹懶小時候就跟著生長，也很可能是從媽媽身上傳給子代的。由於動作緩慢，他們主要以保護色防禦，透過不被發現來躲避掠食者。然而，由於堅韌的皮毛、強大的抓地力和良好的自癒力，多數也能在攻擊中倖存下來。

　　或許是為了減少移動造成不必要的消耗，侏三趾樹懶能將舌頭伸出嘴巴外

科普
小辭典

島嶼侏儒化
指生物在孤島中體型變小的演化現象，以適應食物資源較稀缺的島嶼封閉環境。縮小體型除了節省資源，也有助於縮短懷孕期，但不僅限於島嶼，當環境封閉時，沙漠中的綠洲、洞穴都有可能發生。

達 25 至 30 公分長，以勾取周遭的食物來吃。除此之外，侏三趾樹懶還相當擅長游泳！多數是以頭在水面上移動的狗爬式進行，需要的時候，也可以在水下閉氣長達 40 分鐘，在水中的生存能力令人稱奇！不過，以樹懶超低的代謝方式來說，就算在地面上要他們 20 分鐘不呼吸，也完全輕而易舉。

極危！野外族群不到 50 隻

2013 年的統計顯示，野外族群尚有 79 隻的紀錄，但是到了 2016 年時，紀錄卻顯示可能僅存 48 隻，甚至更少。或許有的人會好奇：「既然在演化上已經縮小了，又有保護色，應該衣食無缺才對，為什麼還會處於瀕危的窘境呢？」侏三趾樹懶雖然棲息於無人居住的島嶼，但是仍會受到觀光客或獵人、漁民的侵擾，甚至遭到獵殺、捕捉為寵物或展示動物販售。曾有被救援的侏三趾樹懶寶寶，被捕時由於硬生生地被從母親身上拔下來，以致肌肉斷裂的案例。棲地已經相當狹隘，加上人為開發使得環境更加縮減，使他們目前在國際瀕危物種紅皮書名錄（IUCN Red List）中被列為狀況極危的物種。

樹懶身上共生的「綠衣」，提供了良好的保護色。

生活在紅樹林的侏三趾樹懶，在水中的生存能力一點也不遜色！

非洲野犬

🎙 受訪動物 —— 姓名：卡拉／性別：男／年齡：青年

沒有狗是一個狗的

你們都和家人
一起生活？

對啊，我旁邊
都是狗！

你有喜歡的狗嗎？

白屁股最讚了！

大家能不能吃飽？

我們會輪流餓。

📁 **動物小檔案**　　**非洲野犬**　　　　　　　**瀕危指數：瀕危（EN）**

別名：三色犬、非洲獵犬、非洲豺犬　**英文名**：African wild dog　**學名**：
Lycaon pictus　**分布區域**：主要分布於非洲撒哈拉以南地區，北非及西非的族
群數量稀少。棲息於非洲草原、灌木叢以及稀疏林地，普遍會避開森林。

主食：一般以中等體型的有蹄動物為主要獵物，也會捕食昆蟲與小型動物。可
見竊取其他肉食動物的獵物或腐肉，但很罕見。

體型：性別與體型沒有明顯區別，雄性稍微大一些（3 至 7%）。成犬體重約 18
至 36 公斤，高度 60 至 75 公分，體長約 76 至 112 公分。

我們這邊有好多樣子

卡拉和春花媽分享族群的觀念：「不見的小孩還是屬於我們的狗，我們的狗不會不見，會一起守護著我們的偉大。我們只能靠自己保護自己，我們會輪流生小孩，但是不會休息。」

春花媽：「人類觀察到有些動物全都長得一樣，而你們每一個都長得不一樣。我們會有一些自己特別喜歡的長相，那你有特別喜歡什麼樣子的嗎？」

卡拉：「我們這邊有好多種樣子呢！這樣不論躲在哪裡，都不會很快被發現！因為大家還是長得很像。」

卡拉突然想到了什麼：「如果咬了女生的屁股讓她生氣了，就要快點躲到大家裡面！這樣女生可能就會咬錯狗，我就不會痛！哈哈哈哈哈！」

春花媽為女生抱不平：「聽起來沒有狗喜歡生氣的狗？」

卡拉：「不會啊，我哥就喜歡被狗咬，越兇的越好！越兇，我哥就會亂叫得越開心！這樣咬咬，女生也很開心！他們都生好多次小狗了，大家都開心，而且我們還會變得更偉大，多好！」

春花媽：「那你有喜歡的樣子（長相）嗎？」

卡拉：「我喜歡白屁股啊！有一點黃黃的白屁股也沒關係。只要看起來亮亮的，就覺得好美好美啊！」

想到白屁股，卡拉進入了自己的世界：「你知道陽光曬在那個屁股上，會看起來更大、更美，再騎上去，就覺得自己好壯、好厲害唷！所以白屁股最讚了！」卡拉講完舔了一下嘴巴。

媽媽說不可以討厭雨

春花媽：「你們那邊的天氣變化怎麼樣？下雨天給你什麼感覺呢？」

卡拉：「我們常常都在等雨來，但是一來又來好大。媽媽說這就是喜歡一個不喜歡你的狗的感覺——你找他的時候，他跑去找別的狗，等到你不喜歡他的時候，他又來跟你玩。還不如去追獵物，追到就會吃飽。喜歡一個不喜歡自己的狗，會等到肚子餓都還是空空的感覺，很可憐。」

卡拉嘆了口氣繼續說：「這邊的雨也是這樣，有時候好多好多、多到你都不喜歡了，等到你不想要了，他就少到連要找水喝都很難，好麻煩！但是媽媽也說不可以討厭雨。因為雨多的時候，食物也會變多，所以要謝謝雨。」

春花媽：「謝謝你願意和我們分享。有沒有想要送給人類或是這個世界的話？」
卡拉：「一個人會死掉，一個狗也會死掉；你可以當死掉的人，我不會當死掉的狗！」

📖 野生動物小知識　以為是擁有米奇耳朵的鬣狗？那你就大錯特錯了！

有著圓圓可愛大耳朵的非洲野犬，是非洲野犬屬下的唯一一種，也是唯一前肢沒有懸爪（dewclaw）的犬科動物。或許因為他們和斑點鬣狗一樣，都是居住在非洲大草原的狗狗，在人們的想像中時常被搞混。然而，兩者不論是體型、毛色、體表特徵等，都有許多不同之處。在習性上，非洲野犬也較少搶奪其他肉食動物的獵物。若要說相似的地方，他們的前臼齒與鬣狗很像，相對其他犬科動物都來得大，可以磨碎大塊骨頭，顯示他們是高度肉食的動物，而這在犬科動物中較少見。說了這麼多，事實上，斑點鬣狗並不屬於犬科，而屬於比較接近貓科的鬣狗科，和非洲野犬可說是徹頭徹尾不一樣唷！

多產的野生犬科動物

全年皆可能交配的非洲野犬，繁殖高峰期為每年 3 到 7 月間，正好是乾季。幼崽會在土洞中出生，但是野犬通常不挖洞，而是利用其他動物（例如土狼或疣豬）所挖掘的洞穴來生產。非洲野犬相當多產，懷胎 2 個多月，一胎可能從 6 隻到 16 隻，平均 10 隻，是野生犬科動物中最多的。儘管如此，比起非洲其他的中大型掠食者，他們的數量相對稀少，目前可能不足 6000 頭，在國際瀕危物種紅皮書名錄當中，屬於數量逐步減少的瀕危物種。非洲野犬具有生殖間歇期（生一次，休息一陣子）達 10 至 12 個月，若當季幼崽全死亡，則可能會縮短至 6 個月。出生 3 週大，小野犬就會開始外出活動並接受反芻來的食物，並且在 8 週大時完全斷奶，10 週大時即能追隨成犬的獵食行動。

科普
小辭典

懸爪、懸蹄、垂爪

指的是許多動物的一個高於腳掌的腳趾，Dewclaw 一詞，據稱源自於把露水從草上撥掉的功能。犬科祖先是生活在樹上的小動物，行動時需要攀握，因此犬科生物的懸爪位於前腿內側，位置類似我們人類的「拇指」，但隨著演化在地面生活後，用不到便逐漸退化了。

打組織戰合作狩獵

　　非洲野犬主要依靠犬群合作狩獵，一般以瞪羚、小牛等中型獵物為主。也會吃犬羚、野兔等小型動物、鳥類和昆蟲。他們面對大型動物也無所畏懼，偶而可見攻擊或挑釁非洲象。

　　一般來說，非洲野犬的犬群數量可由 6 至 17 頭成犬組成。犬群中包含了一對優勢配偶、雙方同性別的家族成員，以及他們的子代。犬群與犬群之間，也有可能聚集合作，在紀錄當中，曾經有個體數量高達 100 隻的龐大犬群。在合作使大型獵物斷氣後，野犬們會將其分食吃下肚，回巢後再將胃裡的肉，反芻出來分給小狗、母狗以及年老病弱的其他同類吃，是相當照顧家人的物種。

　　群體中的非洲野犬會透過叫聲以確認彼此的位置來定位。還有學者曾經透過行為研究發現，非洲野犬會用打噴嚏來進行投票，決定何時該出發去打獵唷！而且這些犬群成員中，票票並「不」等值，也就是說，有些犬打的噴嚏，雖然不見得比較大聲，但是票數是比較多的！

獨一無二的狗狗萬花筒

我喜歡白屁股！

我喜歡黑色多的！

我喜歡有很多顏色的！

世上每隻非洲野犬的毛色斑紋都不同，不會有一樣的非洲野犬。

我才沒有演獅子王！

他們都是討厭鬼！

嘻嘻嘻嘻嘻～

有著圓圓米奇耳朵的非洲野犬，和斑點鬣狗時常發生對立衝突。

亞洲象

🎙 受訪動物 —— 姓名：瑞斯／性別：女／年齡：青壯年

真的壞我就打下去

你們覓食時還會做什麼？

聊天啊，連大便都可以聊。

媽媽最常跟你說什麼？

過來，不要走那邊！

給奪取
象牙的人
一句話。

我會推倒他們，壓扁他們。

📁 **動物小檔案** 　亞洲象　　　　　　　　　　　　瀕危指數：瀕危（EN）

別名：印度象、大象、野象

英文名：Asian elephant

學名：_Elephas maximus_

分布區域：印度和東南亞的部分地區，包括蘇門答臘和婆羅洲。

主食：草食性，以樹皮、根、莖、葉、水果為食。

體型：體長 2 至 4 公尺高，重量可達 3000 至 5000 公斤。

我們什麼都聊，連大便也能聊

春花媽：「聽說你們每天都會走很多路，走路時你比較喜歡下雨天還是晴天？」

瑞斯：「我喜歡下雨天，我喜歡濕濕滑滑的感覺。我常常就這樣邊走路邊洗澡，讓我身上乾乾的地方都有水，就不癢了！讓我講話都變得濕濕的，很快樂！」

春花媽：「在這段路程裡，你都在想什麼呢？會不會跟其他大象聊天呀？」

瑞斯：「我們會一直講話啊。」

春花媽：「那你們都講什麼？」

瑞斯：「媽媽他們什麼都講啊！誰的小孩講不聽，誰的小孩已經想要生小孩；哪個公象很爽，哪個公象先踢他！阿姨懷孕了，要慢一點；還有像妹妹動作慢慢的，其實是身體壞掉；也聊到前面有水，這邊的風景跟以前不一樣。很多啊，月亮跟太陽都可以聊，邊大便邊尿尿也都可以邊講話。」

春花媽：「看你們很喜歡做泥巴浴，哪種泥巴滾起來最舒服啊？」

瑞斯：「我小時候喜歡淺淺的沒有石頭顆粒的！現在喜歡有一點顆粒，但是不要太大、太尖的，一開始可以水多一點，後面泥多一點，中間可以有顆粒的。就是要泥多一點，洗起來才比較舒服。你知道很舒服的時候，腳就會鬆鬆的，有種浮起來的感覺，超～舒～服～的～啊！」

春花媽聽著瑞斯的描述，感覺自己整個人也舒展開來。

如果你們真的壞，就打下去！

春花媽：「你用鼻子抓過最重的東西是什麼？」

瑞斯：「抓木頭啊！媽媽叫我把樹抓起來，然後吃掉，但是有一次很重，然後我發現媽媽也用她的鼻子拉著樹，我拉到哭，媽媽笑出來！那次最重了，一點都不好笑！」

春花媽：「你喜歡植物嗎？除了食物之外，植物給你什麼樣的感覺？」

瑞斯：「我喜歡我躺下去卻不會倒的植物，但是他們通常都會倒！」

大概是想到了當時的畫面，瑞斯講完之後，自己開心地笑了很久。

瑞斯接著說：「我記得有些樹倒了，但我沒吃掉，然後隔了一陣子看到他們，他們還在。長得歪歪的，但是也還在長，我就很開心地撞他一下，但是我沒有再壓他，我希望下次來還可以看到他。但是這樣的樹越來越少，我不知道他們去哪裡了，我會想他們。」

春花媽能感覺瑞斯的迷惘與落寞，她念念不忘這樣的樹，而有一部分人類也苦苦追趕著象。

春花媽：「有些人類為了裝飾，會取走你們的象牙，你怎麼看這種行為？」

瑞斯：「你們喜歡我，但是我不喜歡你們。遇到那種人，我會推倒他們，壓扁他們，不會再讓他們站起來，我也不會想他們！」

看到瑞斯激烈的反應，春花媽也忍不住希望這種人可以在地球上消失。

春花媽：「你們從很久以前就出現在人類的生活中，你有什麼話想對人類說的嗎？」

瑞斯：「我跟你們不熟，但是我知道你們有好有壞。媽媽有教我們，要懂得分辨你們的好味道跟壞味道！就跟好公象跟壞公象一樣，我們懂得分辨就不用擔心，如果你們真的壞就打下去！我知道你不是壞人，你以後也不要變壞！」

春花媽：「我不會，你安心！」

瑞斯：「那我就不踩你。」

春花媽跟瑞斯認真地約定，相視而笑。

📖 野生動物小知識　何處「象」他家？

　　對台灣人來說，最知名的亞洲象莫過於台北市立動物園過去的鎮園之寶──林旺。很多人知道他跟馬蘭的老少配，但其實林旺爺爺更擁有 2 個世界第一，他是目前文獻記載世界上第一長壽的亞洲象，享年 85 歲，死後骨骸也是世界第一大的亞洲象標本，骨架重達 400 公斤，高度約 3.5 公尺。

　　等等，這麼巨大的身體，大象的腳怎麼承受得了？沒錯，大象雖然龐大但是依然可以行動自如，主要歸功於強化的肱骨構造，以及象腳上的脂肪墊緩衝減壓。這些絕佳的先天條件讓大象得以日行百里，安靜無聲。

記憶力佳又聰明

　　亞洲象主要分布於南亞、東南亞等熱帶地區，性情較溫和能被馴養，是人類史上重要的生產力。但照顧他們並不簡單，大象不僅聰明，記憶力也很好，許多大象終其一生都與同一位象夫作伴。壽命與人相當的大象，有時候還會因為中途換了象夫，無法接受新人，而出現適應不良的憂鬱情況。

　　明明人象淵源深厚，但大象工作環境惡劣，載客觀光過度負重，還有他身上美麗的象牙，更是難逃覬覦。大象的消失，除了象牙盜獵之外，自上個世紀

以來，人類不斷拓展活動範圍，種植作物，導致亞洲象的棲地消失了 95%，無地生存的亞洲象也驟減 9 成之多。

收容幼象的大象孤兒院

為了收容無家可歸的幼象，日常生活與象息息相關的斯里蘭卡，設立了第一間大象孤兒院，廣召志工照顧大象，也販售象糞紙維持生計，但運作起來仍有諸多考驗。對某些國家來說，大象的經濟力一時難以替代，除了有賴政府輔導出路，我們身為消費者更應該拒買野生動物製品，拒絕大象觀光，用遠觀代替騎乘，為大象的生活留下更多空間。

台灣沒有野生象，但是對象的關心不落人後。台北市立動物園與日本旭山動物園簽訂友好協定，保育婆羅洲矮象及其棲地。除此之外，我們有精彩豐富的「象足跡、象前進」特展（https://www.zoo.gov.tw/elephant_exhibition/），回顧林旺馬蘭故事，找到與亞洲象適合的相處方式，也可以在台北動物園亞洲熱帶雨林區見到兩隻亞洲象「友信」、「友愷」喔！

長鼻猴

🎙️ 受訪動物 —— 姓名：阿爸／性別：男／年齡：壯年

不吃太多，獲得更多

你有小孩了嗎？

小孩很多了啦！

大鼻子比較
受歡迎嗎？

在我這裡超級好！

你有吃壞
肚子過嗎？

為什麼要吃
不能吃的東西啊？

📁 **動物小檔案** 　長鼻猴　　　　　　　　　　**瀕危指數：瀕危（EN）**

別名：無

英文名：Proboscis monkey（Long-nosed monkey）

學名：*Nasalis larvatus*

分布區域：僅存於婆羅洲島，其中又以印尼境內的加里曼丹（Kalimantan）數量最多。

主食：以樹葉為主食，也會攝取水果，偶而會採食花蜜和昆蟲。

體型：成體體長約 60 至 75 公分，尾巴和體長相當；雄性體重約可達 23 至 25 公斤。

鼻子大好不好？在我這裡超級好！

春花媽：「現在住的地方還好嗎？」

阿爸好像是老大，分享起經驗談：「不好啊～以前男孩子稍微大點就讓我趕出去了，現在都要等到他真的健康、反應靈敏，我們得要照顧久一點才能讓他出去。這樣的孩子要出去的時候很麻煩的，但是不出去，留下來就是討打，有時候感情就會變不好。環境不好，活著的動物怎樣都不會好的！」

春花媽：「你有小孩了嗎？」

阿爸回答得稀鬆平常：「小孩很多了啦，都出去好幾個了！」

春花媽：「可以聊聊和你感情最好的猴嗎？你們會一起做些什麼？」

聽到「感情最好的猴」，阿爸甜滋滋的回憶起來：「我的第二個老婆跟我最久！她雖然屁股小了點，但是味道很香。我最喜歡她邊跟我做愛邊跟我講話，還幫我抓癢癢。跟她在一起最輕鬆！我突然起身，她也不會生氣。」

心想著這猴實在不得了，春花媽又接著問：「有一些人類認為大鼻子的男生比較受歡迎，你們也是嗎？」

阿爸神氣的說：「我的鼻子越大！母猴就越興奮！很多女孩光是摸到我的鼻子就尖叫了。你說鼻子大好不好？在我這裡超級好！」

春花媽聽了，只能順從的點頭，但是好好的把手收在背後，不想讓猴誤會。

要留給植物生長，這樣可以獲得更多

春花媽：「據說你們的肚子和其他猴子很不一樣，比較像牛，可以消化更多種類的植物，但是不能吃甜甜的水果。你曾經吃壞肚子過嗎？」

阿爸：「為什麼要吃自己不能吃的東西啊？」

春花媽：「就是會擔心你，會不會吃到不能吃的啊～」

阿爸：「餓了就換地方吃飯就好，幹嘛吃自己不能吃的？你活得很辛苦嗎？餓了還要吃自己不能吃的，好可憐。」

聽完，春花媽反思，人常常吃自己不能吃的，是不是太把自己活不好？

春花媽：「那你最喜歡吃的食物是什麼？嫩嫩的葉子，你喜歡嗎？」

阿爸：「喜歡，但不能吃太多啊，因為要留給植物生長，以後才能獲得更多啊！」

春花媽：「你也是蠻好的猴子。」

阿爸：「好說好說，我只是做我能做的。」

春花媽：「那你有其他動物朋友嗎？如果沒有，最常看見什麼動物？」

阿爸想了想，有條不紊地侃侃而談：「我很常看見鱷魚，但我們不是朋友。我會跟要離家的男孩說，那是會吃了我們的，所以要小心。這裡有很多鳥，我們要練習在爬樹的時候、鳥不會飛起來，那我們就不會被其他動物發現，這樣大家都安全。昆蟲很多，我們偶而會吃，但是好吃的不多。」

阿爸又繼續認真的說：「這裡還有其他的猴子，但我們不是朋友。我們是家人優先，不會想要朋友啊。」

大家一起快樂，就是最快樂

春花媽：「一天當中你最喜歡什麼時候？」

阿爸：「剛醒來的時候啊！餓餓地想吃東西，全身都會想要動起來。旁邊的老婆被我的鼻子弄醒，用手抓抓我的肚子，我們一起舒服的起來。這是我最喜歡、最快樂的時候啊！」春花媽也一起感受著阿爸所傳來，似乎與大地一起、彷彿萬物復甦的美好早晨。

春花媽：「如果可以，你願意和我們分享想和大地說的話嗎？」

阿爸：「我會跟他一起靜靜的。在這裡要靜靜的一下也是不容易的，大家都有話說、大家都要活。但是有些縫隙，一起安靜一下，我們所有的動物跟大地連在一起，那是一起幸福的美好瞬間。」

📖 野生動物小知識　**大鼻猴塞雷，小鼻猴溜拳**

　　圓滾滾的大肚子，斗大的卡通鼻，身為動物迷因常客的長鼻猴，一點都不滑稽。他們的大鼻子，在猴系社會可是非常受歡迎的！若要分辨長鼻猴的性別，看鼻子準沒錯。長長向下垂掛著的是雄性，而像小木偶一樣別緻，稍微上翹、尖尖的落在臉上的則是雌性。小猴的臉部一開始都長得差不多（面色發黑是正常的，別擔心），但隨著年紀的增長，屬於雄性特徵的鼻子會越來越大，差異越來越明顯。鼻子越大的雄性長鼻猴越受歡迎，也越容易成為首領。

腳上長蹼善泳

　　和多數的猴子一樣，長鼻猴也是群居動物，以雄性為首，妻小成群。他們的第二、第三腳趾間具有蹼，不只會爬樹，也擅長游泳。在沙巴，甚至有長鼻猴泳渡寬達 400 公尺河流的紀錄。他們也是除了人類以外，唯一一種會藉由渡

河來拓展領土的靈長類。然而，由於長鼻猴對於地域與環境相當的敏感，因此拓展範圍有限，再加上傍水而居的棲地總是與人類文明重疊，遂漸成為瀕危物種之一。馬來西亞與印尼政府皆曾經嘗試出口長鼻猴予他國動物園，作為移地保育的希望之星，卻屢屢造成個體過度緊迫，加上難以在圈養環境提供的食性，因而使長鼻猴死亡。

唯一會反芻的靈長類

生長於紅樹林地帶的長鼻猴，多以樹冠的嫩葉和未成熟的水果為食。他們具有反芻的能力，是唯一會反芻的靈長類動物。圓滾滾的肚子裡，有著數以萬計的細菌幫手，能夠消化植物纖維得到營養，也能分解葉子中有毒的單寧，讓他們可以吃下別種猴子不太喜歡吃的植物。然而，這些幫手們卻會在遇到醣後過度旺盛地工作，加速發酵過程，製造出太多的氣體。因此富有醣分的水果，並不在他們的菜單之中，像是香蕉、蘋果都不行。長鼻猴要是誤食，將會造成胃阻塞、肝臟和血液的病變，都可能殃及性命。

不吃香蕉的長鼻猴

吃那個肚子會爆炸喔！

炸彈樹！

他們的胃能分解葉子中的毒素，吃高醣食物反而會脹氣致死。

擅長盪樹也精通水遁

哇呼——！

快下來！

哈哈！

長鼻猴水性極佳，是水的好朋友，會跳水、游泳，甚至會潛水。

恆河鱷

🎙 受訪動物 —— 姓名：比比戴爾酷／性別：男／年齡：幼年

不想被吃就要吃掉

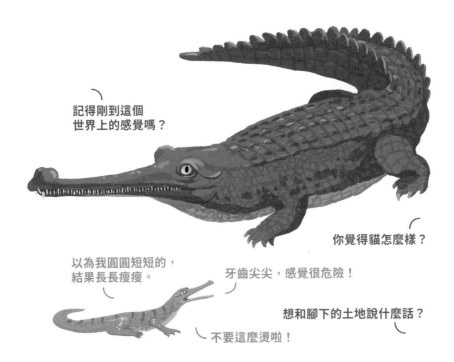

記得剛到這個世界上的感覺嗎？

你覺得貓怎麼樣？

以為我圓圓短短的，結果長長瘦瘦。

牙齒尖尖，感覺很危險！

想和腳下的土地說什麼話？

不要這麼燙啦！

📁 **動物小檔案** 　**恆河鱷**　　　　　　　　**瀕危指數：極危（CR）**

別名：食魚鱷、長吻鱷　**英文名**：Gharial　**學名**：*Gavialis gangeticus*

分布區域：主要分布於恆河中、上游及其支流中，位於印度北方與尼泊爾交界帶。

主食：幼年以昆蟲、甲殼類、小型兩棲類為食，成年以魚類為主食，偶而吃腐肉。

體型：成年約有 110 顆尖銳牙齒。雄性體長 4 至 6 公尺，重量可達 159 至 250 公斤，10 歲過後吻部開始有壺狀突起物。雌性體長 3.5 到 4.5 公尺，重量可達 100 至 130 公斤。

我們跟魚還是不一樣的，所以只好吃了他們

春花媽：「據說你們男生的鼻子上都有一個很大的壺，用來發出很大的聲音和吹泡泡，你覺得好看嗎？聲音聽起來如何？」春花媽直接給他看凱門鱷的樣子，說明其他的鱷魚不一定有「壺」。

比比戴爾酷：「他是不是沒長好啊？」

春花媽：「蛤？應該不是吧，他就是長這樣的鱷魚啊！」

比比戴爾酷：「他們很難生小孩吧？嘴巴這麼小，很難發出很大的聲音吧？」

春花媽：「但～這種鱷魚比你們數量多很多捏！」

比比戴爾酷：「什麼意思？」

春花媽：「就是在這個世界上的總數量，比你們多很多！」

春花媽試著將比比戴爾酷身邊的河水都被凱門鱷填滿的畫面傳給他，讓他知道凱門鱷真的多很多。

比比戴爾酷：「那他們是不是都不講話，一直在做愛跟生蛋啊！」

春花媽一愣：「蛤～？也可能是吧！」

比比戴爾酷：「我沒聽過他們講話，但是我們發出聲音的時候，都是講給女生聽的，你如果聽得到，我就可以跟你生小孩了！」不知道為什麼，春花媽反射性的蓋住了耳朵，然後趕緊接著問：「水中和陸地，你最喜歡的地方是什麼樣子的？」

比比戴爾酷：「水裡比較舒服啊，而且想曬太陽就出來，不然就泡著。但是也沒辦法一直泡著，我要呼吸啊～這時候我就會想，我們跟魚還是不一樣的，所以只好吃了他們！」

春花媽傳了家裡所有貓的影像問道：「聽說鱷魚不喜歡貓，是真的嗎？」

比比戴爾酷：「這裡沒有這樣的東西啦！」於是春花媽改傳了老虎、豹跟獅子的影像。

比比戴爾酷疑惑的問：「這是可以吃的嗎？」

春花媽也不是很確定的回答：「如果你抓得到，應該是可以吃的吧！」

比比戴爾酷：「我不喜歡他們牙齒尖尖的，這樣感覺很危險！」

春花媽：「你不喜歡嗎？」

比比戴爾酷好奇的問：「你有被他們咬過嗎？」

「我有被自己的貓咬過。」春花媽說著，然後把被貓咬的感覺傳給他。

比比戴爾酷大叫：「哎唷！這樣會痛！那我不喜歡了！」

接著轉頭就跟大隻的他（鱷魚爸爸）告狀：「她咬我啦！」

說時遲那時快，鱷魚爸爸想都不想，直接用下巴往春花媽的頭重擊！

春花媽一邊覺得很暈，一邊想著⋯⋯好險不是用咬的！

清理了一些暈眩，春花媽接著問：「如果可以和腳下的土地說話，你想說些什麼？」

比比戴爾酷喊著：「不要這麼燙啦！你這樣我連在水裡都覺得好難呼吸！」

📖 野生動物小知識　超級爸媽與中二小孩

不同於一般對鱷魚的印象，恆河鱷有著像筷子一般細細長長的嘴，是長吻鱷的一種。雄性的吻部末端，有著相當容易辨識的巨大壺狀瘤，使他們在外觀上讓人感覺又「邪惡刻薄」了幾分。比起凶神惡煞的外表，長相奇特的恆河鱷，其實是不折不扣的超級守護者，也非常浪漫！繁殖季來臨時，可以聽見公恆河鱷在水中發生巨大的聲響，向母恆河鱷求愛，聲音可以傳達 500 公尺之遠。一隻公恆河鱷會有多位伴侶，母鱷們會在同一塊沙岸上產卵，並且在同一段時間一起孵化。這個領域裡的恆河鱷，會共同照顧他們的後代。

成年鱷魚集體護幼

在小恆河鱷破殼前，母恆河鱷會在岸邊守衛鱷巢長達 2 個月以上。等寶寶們破殼後發出「摁！摁！」呼喚媽媽的聲音，再掘土幫助他們「正式出生」。小恆河鱷的性別和其他鱷魚以及海龜一樣，都是由溫度決定的。成年恆河鱷會不分晝夜一起照顧小恆河鱷，面對不速之客，則會疾泳驅趕，或是快速闔嘴濺出水花來嚇阻。

有趣的是，保護幼雄鱷的通常不是親生爸爸。目前科學家推判，這些護幼的雄鱷，是藉此累積經驗，增加未來成為繁殖雄鱷的機會。不同於其他會用嘴巴將剛破殼的寶寶護送至水裡的鱷魚，恆河鱷細長的吻部沒辦法有這般娃娃車的功能。不過，待小恆河鱷自己走下水之後，小鱷魚們會在大鱷魚的身上休息、曬太陽，形成非常溫暖的畫面。而且恆河鱷擁有托嬰育幼制度，會讓幾百甚至千隻的寶寶聚在一塊，由成年鱷魚們一同守護。

吃魚的伏擊高手

恆河鱷的另一個名字，叫做食魚鱷。狹長的上下顎構造，使他們沒有辦法獵捕大型動物，而是以魚類為主食。恆河鱷多數時候是被動的等待獵物上門，在物理上減少了在水裡的阻力，他們有時會潛伏在水底，待獵物經過時，快速地以細長有力的吻部向獵物橫掃，用細長交錯的尖牙逮住滑溜的魚，角度可達90度。事實上，除了繁殖期為了保衛地盤與後代，恆河鱷是不會因為人類靠近就主動攻擊的。

過去由於盜獵、濫捕作皮革用途的關係，恆河鱷曾一度被判定即將滅絕，經過各種復育計畫以及保護區的建立，現已可見野生的恆河鱷族群。但是由於棲地與人類重疊，也常有野生恆河鱷遭到漁網纏繞、受傷或致死的消息出現。目前在國際自然保護聯盟（IUCN）的瀕危物種紅皮書名錄當中，仍被判定為極度瀕危物種。

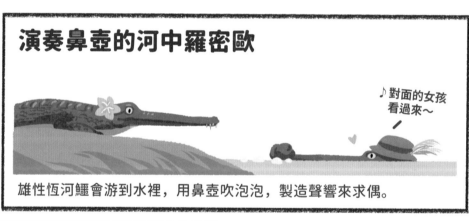

雄性恆河鱷會游到水裡，用鼻壺吹泡泡，製造聲響來求偶。

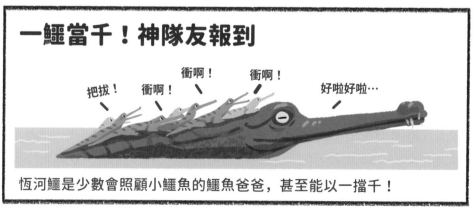

恆河鱷是少數會照顧小鱷魚的鱷魚爸爸，甚至能以一擋千！

馬來貘

🎤 受訪動物 —— 姓名：不詳／性別：不詳／年齡：不詳

我要替你媽打你

最近看到同類
是何時呢？

你們都怎麼逃過敵人攻擊？

平常不要吃太飽啊。

剛剛那泡尿
就是隔壁的。

人類聞起來怎麼樣？

為什麼你們這麼臭！

📁 **動物小檔案** 　馬來貘 　　　　　　　　　　瀕危指數：瀕危（EN）

別名：亞洲貘

英文名：Malayan tapir

學名：*Tapirus indicus*

分布區域：東南亞的泰國、柬埔寨、緬甸、馬來半島和蘇門答臘。

主食：水果、植物的嫩枝芽、樹葉、草及水生植物。

體型：體長 1.8 至 2.5 公尺。

你啥都不懂，別給人添麻煩啊！

春花媽：「聽說你們的鼻子非常靈敏，你覺得最近植物們聞起來或吃起來的味道有不一樣嗎？」

馬來貘：「你說哪一種啊？靠近水的還是不靠近水的？」

春花媽：「欸……靠近水的好了。」

馬來貘：「你是說淺的水還是深的水？」他又緊接著問。

春花媽：「蛤？深的好了。」沒想過還有進階問題，春花媽只好隨便選一個問。

馬來貘：「是深的綠色的水？還是深的黑色的水？」

春花媽：「那個……」措手不及的春花媽猶豫了。

馬來貘：「你看起來就是什麼都不懂，問我幹嘛？」

春花媽：「呃呃呃……想要更了解你呀！」

馬來貘：「說了你也不懂啊，跟不懂食物的人講食物好不好，沒用啊！你又不懂吃！」

他一陣碎念後，春花媽只好在原地傻笑了很久。

春花媽：「聽說你們很喜歡水，也會泡在水裡面，把鼻子伸出水面呼吸。你平常很常待在水裡嗎？你喜歡游泳嗎？」

馬來貘：「你會去做你不會的事情嗎？」他反問春花媽。

春花媽：「會啊！」接著跟他分享了學潛水的事。

馬來貘：「天啊，你這種動物，鼻子長這個樣子，就不能下水啊！」

春花媽：「啊？是嗎？」

馬來貘：「幹嘛去做自己不會的事情？是很想死嗎？」

春花媽：「沒有，我想到水裡撿垃圾，也挑戰自己的極限。」

馬來貘：「極限？你就去做你會的事情，不要做你不會的事情，給別人添麻煩好嗎？」

春花媽：「咦……」

馬來貘：「不懂食物，又不懂珍惜自己生命，我要代替你媽打你！」

說完後他用頭撞了春花媽的頭一下，春花媽感到一陣暈眩。

人吵吵鬧鬧進來，把森林變得好臭

春花媽：「你最近一次看到人類是什麼時候呢？」

馬來貘：「天氣開始變得更熱之前，就看到過人類了呀。」

春花媽：「喔喔喔！那你認識的人類是怎樣的呢？」

馬來貘：「這邊越來越多人了，大家都吵吵鬧鬧的進來，然後亂七八糟的砍樹，留下難聞又讓我們無法做記號的味道，把森林變得好臭。」

春花媽：「啊啊啊……真的對不起！如果你看到很多人，自己要小心喔，兒子要帶好喔！很多時候人類對動物是那麼好，也不會吃你，但是也許……也許會傷害你，貘媽媽你要小心唷！」

想起許多人類對動物的不友善，春花媽忍不住多叮嚀了幾句。

馬來貘：「你擔心我啊？」他把春花媽從頭到腳看了幾遍後如此說道。

春花媽：「會擔心呀。」

馬來貘：「你這麼小就會擔心我，你也不是壞孩子，以後正常一點，不要做讓媽媽擔心的事情。我們會保護自己，你也要保護自己，懂嗎？」

春花媽：「懂，貘媽媽你們也是。」

📖 野生動物小知識　小時候不穿尿布，長大才穿！

提到馬來西亞動物，多數人都會馬上想到馬來貘。

託插畫家 Cherng 之福，馬來貘的可愛外型深植台灣民眾心中，像是永遠穿著一件脫不掉的「白色大尿布」，十分逗趣。但馬來貘這件內褲其實是「慢慢穿上」的，他們出生時並非如此「黑白分明」。幼時的馬來貘身上是棕色為底，分布著白色的橫線條紋，大約在 6 個月大的時候，身上的顏色才會漸漸演變成我們所熟知的黑白配色，這可是一種長大的象徵呢。

鼻子好靈的「四不像」

以外觀來說，馬來貘的鼻子有些長，又不像大象一樣長；體型有些胖，又遠比豬來得大，如此「似豬不是豬，似象不是象」的外觀特色，一度讓古人不知道該如何稱呼「貘」這種動物，因此稱他們為「四不像」，直到後來這個詞彙都還被拿來形容什麼都不像的事物，但現代人也已忘記當時所形容的就是「貘」。

嗅覺相當敏銳的馬來貘屬於獨居動物，擁有著強烈的地盤意識，在領域交界處會把尿液噴在植物上做為地盤劃分的依據，路經別的貘的領地時，也會留下味道做為記號。而鼻子對馬來貘來說還另有一個大用處，喜歡生活在水邊的

他們，遇到敵人時常會立刻潛入水中，並且高舉長長的鼻子來維持呼吸，畫面十分可愛。當然，如果敵人威脅逼近，他們也會利用強而有力的下顎進行反擊，確保自己的安全。

是生殖器不是腿！

如此卡哇伊的生物，卻有一個強烈到讓人看過一次就難以忘懷的特色。雄性馬來貘擁有相當長的生殖器，當他們的生殖器勃起時長度相當驚人，幾乎就是拖在地板上，讓遠觀的人誤以為馬來貘長出了第五條腿！有國外專家笑稱，曾經看過雄性馬來貘不小心踩到自己的生殖器，因而放聲尖叫的逗趣畫面。

然而備受眾人喜愛的馬來貘，仍然逃不過滅絕的命運。居住在低海拔熱帶雨林的他們，因為靠近人類生存地區，因此受到人類活動帶來的負面影響最為嚴重。棲地逐漸破壞之下，馬來貘的數量正在逐年減少當中，雖然廣為人知，但要在野外看見他們已是難上加難。

長大後⋯人生逐漸黑白

寶貝⋯馬麻的人生也曾經是彩色的

馬麻⋯我不是撿來的吧？

馬來貘小時候是棕底白條紋，6個月大時才會變成黑白色系。

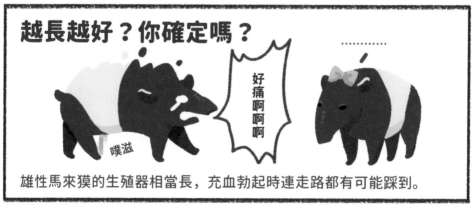

越長越好？你確定嗎？

好痛啊啊啊

⋯⋯⋯⋯⋯

噗滋

雄性馬來貘的生殖器相當長，充血勃起時連走路都有可能踩到。

高鼻羚羊

🎙 受訪動物 —— 姓名：茶可拉迪／性別：男／年齡：壯年

我們的味道變得好少

你住在哪裡呀？

我住的地方叫阿卡邦。

你們最近
過得好嗎？

空氣裡面我們的
味道變得好少。

你害怕自己的
種族消失嗎？

那也是你們害的！

📁 **動物小檔案** 　高鼻羚羊　　　　　　　　　**瀕危指數：極危（CR）**

別名：高鼻羚、賽加羚羊（賽加羚）、大鼻羚羊（大鼻羚）

英文名：Saiga antelope

學名：*Saiga tatarica*

分布區域：中亞的溫帶草原。

主食：禾本科的草類及低矮的灌木。

體型：體長 1 至 1.7 公尺，尾長 6 至 12 公分。

阿卡邦就是阿卡邦呀

春花媽：「聽說你們的族群活了好久好久了，你有聽以前的祖先說過，以前的地球是什麼樣子嗎？」

茶可拉迪：「我覺得……你看起來比我老很多捏！我活著的地方叫地球，我住的地方叫做阿卡邦，這是一樣的嗎？」他充滿疑惑的回問。

春花媽：「是是是，是一樣的，只是阿卡邦在地球裡面啊！」

茶可拉迪：「阿卡邦就是阿卡邦，你又不住在這裡，你怎麼會知道阿卡邦在地球裡面。我住在這邊從來沒見過你，今天才第一次見到你啊！你是不是太累搞錯了？」

春花媽一時之間不知道該回答什麼，便哈哈哈地笑出聲來。

消失也是你們害的！

春花媽：「我們人類調查發現，你跟你同伴們的數量已經變得好少好少了，你們最近過得還好嗎？」

茶可拉迪：「少好多好多唷！空氣裡面我們的味道變得好少、好低，你們懂那種自己不是長大，而是變小的感覺嗎？」

春花媽：「不是很清楚呢……」

茶可拉迪：「就是現在這樣的感覺。我們每天都在數多了多少小孩，小孩都還來不及長大，我們大家就一直在變少啊！」

春花媽：「那你覺得現在的生活環境有什麼改變？跟以前有什麼地方變得不一樣嗎？」

茶可拉迪：「阿卡邦多了你們這些地球人，愛說這裡是什麼就是什麼，這裡就是阿卡邦。你們的味道越重，我們的味道就越少，你們太惡霸了！你們真的是太壞了！」

春花媽無言以對，只好換個話題：「你會害怕你們的種族有一天會全部消失嗎？」

「那也是你們害的！」茶可拉迪大聲地回答。

我最喜歡我自己呀

春花媽：「你的鼻子很大很可愛，你喜歡自己的鼻子嗎？」

茶可拉迪：「我全部都很可愛啊！」

春花媽：「哈～也對～那你有最喜歡自己的哪個地方嗎？」

茶可拉迪：「我每天都跟我全身在一起，因為他們都跟我在一起，都很可愛啊，哪有不可愛的，你的問題好奇怪。」

春花媽：「哈哈哈～你說的有道理。」

茶可拉迪繼續問道：「你會因為自己身體部位大小不一樣，就只喜歡大可愛的地方，小可愛的地方不喜歡嗎？『小的你』就不是你了嗎？你們地球人真的太奇怪了！」

春花媽：「那我們來聊聊，你最喜歡遇到什麼生物好了？」

茶可拉迪：「我喜歡我們自己啊！這麼多年來，我們都是跟著自己的家人夥伴一起生活的啊，同一片草原有多少我們重覆的腳印，你不懂吧？」

春花媽：「嗯……好像不太懂。」

茶可拉迪：「我們在同一塊土地上來回好多次了，這裡的草都被我們吃了好久好久，我們記得彼此的味道。知道帶來更多的生命，那都是我喜歡的生物，不是你們這種只散布自己味道的地球人。你們都不管別人的生命！」

📖 野生動物小知識　　不是珠寶不是藥，這是我的角！

　　高鼻羚羊，又稱賽加羚羊，許多人想到他們，都是想到形狀特殊的角，甚至是羚羊角的經濟價值，然而多數人不知道的是，他們是冰河時期倖存下來的草食動物，是在地球上生存相當久的古老生物。高鼻羚羊頂著看起來像是縮短的象鼻，生活在英格蘭到西伯利亞之間，冰河時期甚至橫越白令海峽，來到阿拉斯加和加拿大的育空地區，後來便集中生活在中亞的溫帶草原。

毛皮也分夏裝冬裝

　　他們雄性有角、雌性無角，善於奔跑，最高時速可達 80 公里，是中亞地區的跑步高手，多半以草類及低矮的灌木為食。夏天時毛皮較短，冬天的時候為了保暖而「自行添加衣物」，毛皮會變得濃密且長，和夏天比起來，冬裝的毛約 2 倍長、而且額外厚上 70%，並以白色為主。

妻妾成群有代價

　　每年的 11 月下旬開始，雄性賽加羚到了性成熟後，鼻子就會膨大得更加

明顯，這是性成熟的特徵，繁殖季過後鼻子也不會再縮回去。雄性的高鼻羚羊相當善鬥，在繁殖季期間，公羚羊會為了爭奪女朋友而進行一場死亡率高達97%的激烈「角」鬥，打贏的甚至可以成功同時與5到15位母羚羊配對，成為「羊生勝利組」。但是，勝利的公羚羊雖然妻妾成群，卻需要近2個月不進食，一心一意保護自己的妻妾群，避免被其他公羚羊搶走。

羚羊無罪，懷「角」其罪。他們的角在傳統中醫學中，屬於珍稀藥材，中醫古書《藥性賦》中一句簡單的「羚羊清乎肺肝」，引起自古以來無止盡的盜獵，造成雄性個體數量大幅減少、公母比例懸殊，繁殖困難。

無論是人類活動、農業發展、獵捕（食用與藥用）、國界圍籬阻隔遷徙、氣候變遷……等因素，都造成高鼻羚羊生存的危機，而這一切，只因為了滿足人類無盡的私慾。

你～的鼻子為什麼這麼大～

一般羚羊

媽媽說～鼻子大～才～能保暖～

草原溫差大，夏天可過濾沙塵、冬天濕潤溫暖。

個子大，但膽子其實很小

汪！

稍有大一點的聲響，他們就會群起狂奔，甚至跳起、碰撞而死。

眼鏡王蛇

🎙️ 受訪動物 —— 姓名：不詳／性別：女／年齡：中年

是敵人就正面對決

特別長會特別帥嗎？

就是活很久，很厲害。

害怕的時候會吐食物嗎？

那只是為了嚇人。

離開小孩時
在想什麼？

快點吃東西，
活下去。

📁 **動物小檔案**　　眼鏡王蛇　　　　　　　　**瀕危指數：易危（VU）**

別名：過山峰、過山烏、金剛眼鏡蛇

英文名：King cobra

學名：*Ophiophagus hannah*

分布區域：喜馬拉雅山脈南麓、印度東北部與西南沿海地區、中國華南、中南半島全境與馬來群島近半數島嶼。

主食：體型比自己細小的蛇類。

體型：平均體長為 3 至 4 公尺，體重為 6 公斤。

你們才是最可怕的

看到眼鏡王蛇時，她抬起身子盯著春花媽，問她名字也不說，令春花媽感到有些害怕。春花媽慢慢靠近眼鏡王蛇，試著用比較輕鬆的語氣和她對話。

春花媽：「很多人類都怕蛇，你會怕人類嗎？」

眼鏡王蛇：「怕？怕是什麼感覺？」

春花媽將恐懼的感受傳給眼鏡王蛇：「像是這種感覺。」

眼鏡王蛇：「這不就跟我看到你們的時候感覺一樣嗎？」

春花媽：「所以你怕人類？」

眼鏡王蛇沒有回答，春花媽只好換個問題：「聽說你害怕時會把食物吐出來，你有過這樣的經驗嗎？記得當時吐出了什麼東西嗎？」

眼鏡王蛇：「那只是為了嚇你們。因為突然有一個東西跑出來，然後又很臭，你們一定會被嚇到。」

春花媽：「其實我看到你就會嚇到啦！」

眼鏡王蛇哼了一聲：「你們很多時候都是假裝害怕而已。如果真的會怕，怎麼不走？」

春花媽趕緊說：「我的話，是真的每次都有走開！」還補充道：「而且很小聲、很慢，有點腳軟的往外走。」

眼鏡王蛇：「我要是軟了，我就沒命了。你果然長得大也沒用！」

春花媽苦笑：「我真的是蠻沒用的動物。」

眼鏡王：「但是你們卻很會傷害其他的動物。」

春花媽不知道怎麼回，想了想後還是點點頭說：「對。」

眼鏡王蛇冷冷地說：「所以你們才是最可怕的。」

出生就是為了活下去

春花媽趴得遠遠的問：「你們是全世界最長的毒蛇，在你們的世界裡，特別長會特別帥嗎？」

眼鏡王蛇：「我不知道帥是什麼，不過特別長，那就是活很久、很會活，這樣是真的很厲害。」

她甩了甩尾巴，像是在檢視自己的長度：「我也想知道為什麼自己這麼厲害。」

春花媽看她好像沒那麼生氣了，便大膽地問：「你有過伴侶了嗎？」

眼鏡王蛇：「有。」

春花媽：「你們有一起生小孩嗎？當時決定一起生小孩的時候，你的感覺是什？」

眼鏡王蛇想了想：「就……他是我的！」

春花媽：「離開你的小孩時，心裡在想什麼呢？」

眼鏡王蛇：「他們會活下去的。因為跟我一樣，跟所有的動物一樣，我們出生就是為了活下去，大家都會把握熱度活下去的！」

她的眼神很堅定，嘴裡嘶嘶作響：「所以不用想什麼，我只想快點捕捉到食物，吃下去，活下去！」

春花媽想起她的天敵，又再問她：「你遇過獴嗎？」

眼鏡王蛇：「遇過，但我沒有被他咬到過。」

春花媽：「當時你怎麼逃走的？」

眼鏡王蛇沒有回答這個問題，反而盯著春花媽說：「但是我被你們抓住過，你們很壞，都不是從正面對決，而且是從我看不到的地方把我抓走，你們不配當我的敵人！」

聽完她說的，春花媽心想，此刻如果被她咬一口，她會不會心裡好過一點。

📖 野生動物小知識　就算是凶狠王者，也有溫柔一面

乍聽眼鏡王蛇的名字，可能會以為他們就是眼鏡蛇中的王者，其實他們並不是眼鏡蛇屬的一員，而是眼鏡王蛇屬。名字裡的「王」揭示了他們的不同凡響，學名裡的「*Ophiophagus*」，意思是「食蛇者」，更說明他們的主食就是同類。雖然也會吃其他小型動物，但也確立了蛇中之王的地位。

體型最長的毒蛇

他們是世界上體型最長的毒蛇，毒性非常強，受威脅時的蛇吻對人類極危險，毒性可能導致傷者在半小時內身亡。

眼鏡王蛇通常過著獨居生活，喜歡棲息在有大量降雨和茂密樹叢的地方，像是熱帶雨林。1 月和 3 月中的旱季末期是交配期，雌性蛻皮後會散發一種費洛蒙來吸引異性，若有多條雄蛇到達，通常會為了爭奪雌蛇而大打出手，直到擊倒對手為止，但不會使用毒液或把對方殺死。勝利者會不斷示愛，可是如果求愛不順遂，或是雌蛇已經懷孕，就有可能會把她殺死或吞掉。

築巢孵蛋守護至幼蛇出生

　　如此令人感到害怕的眼鏡王蛇，卻有著會築巢，甚至看守巢穴直到幼蛇出生這種在蛇類中罕見的行為。產卵前，雌蛇會先用身體捲起枯葉，鋪墊好後才在上面生產。產後也沒有休息，而是繼續堆積更多樹葉，將蛋掩蓋。眼鏡蛇王是目前唯一被發現會築巢來孵化蛋的蛇。在幼蛇孵化後，本能會驅使雌蛇離開，以免因食蛇的天性吃掉自己的幼蛇。眼鏡王蛇平常會避免與人類發生衝突，但在守護與孵蛋的期間，會變得比較凶猛。

　　眼鏡王蛇在台灣沒有自然分布的族群，且環境對他們來說太冷，很難存活，然而卻常看見有人將土生土長的中華眼鏡蛇，當成放生的眼鏡王蛇打死。事實上由於國際貿易管制，活的眼鏡王蛇不僅昂貴，也不可能流到放生市場後又再被放到野外。無論遇見哪種蛇，安靜緩慢地離開他們的視線範圍，並通知相關單位處理即可。了解和我們生活在同片土地上的生物，並互相尊重，是身為地球公民應有的素養喔！

恐怖情蛇要小心！

抱歉，我不能跟你在一起！

那我只好殺了妳！

若求愛不成或發現雌蛇早已懷孕，雄蛇可能會殺死或吞掉雌蛇。

蛇毒不食子，母性勝天性

你們出生了，我也該走了…

他們會築巢守護卵，孵化後還會離開，避免本能驅使吃掉幼蛇。

昆士蘭毛吻袋熊

🎙 受訪動物 —— 姓名：阿朗比／性別：男／年齡：中年

一起來睡一下吧！

聽說你遇到危險
會跑很快？

蛤？你要
咬我嗎？

現在生活怎麼樣？

草變遠了，
回來好累！

來比看誰長命喔！

不用這麼麻煩啦～

📁 **動物小檔案**　昆士蘭毛吻袋熊　　　　　　　　瀕危指數：極危（CR）

別名：澳洲毛吻袋熊

英文名：Wombat

學名：*Lasiorhinus krefftii*

分布區域：澳洲埃平森林國家公園（Epping Forest National Park）。

主食：草、莎草科、香草、樹皮、樹根。

體型：體長 95 至 105 公分。

喜不喜歡人類其實我也沒有很在意啦

春花媽：「好多人類都好喜歡你們，你喜歡人類嗎？」

阿朗比：「我們這邊有小時候給你們養，長大才又回來的小孩喔！」他突然想起什麼似的說著。

春花媽：「真假?!」

阿朗比：「很喜歡啊！他們會跟我們講很多，但有時候會聽不懂在講什麼。」

春花媽：「他們都說了些什麼呀？」

阿朗比：「聽說吃飯很方便，不像現在這樣常常要自己努力。」

春花媽：「聽起來你不少孩子耶，小孩多大了？他們過得好嗎？」

阿朗比：「我老婆生很多次了啦！大家都住附近，長大了就自己住啊，靠很近可以，但是要自己做自己的家。我們都是這樣長大的啊！」

春花媽：「那你覺得最近的生活環境怎麼樣？」

阿朗比：「大家都喜歡吃洞外的草，有點煩，現在都要走比較遠，回來好累！」

春花媽：「你覺得以前的葉子跟現在的葉子味道有不一樣嗎？」

阿朗比：「怪味變多了啊，細細的、粗粗的也變多了。有些我喜歡吃的草越來越矮，有時候變小，但也沒有比較嫩，好奇怪，但是還算夠吃啦！可是走比較遠之後，想一直睡都不行！」

春花媽：「我也想要一直睡。」

阿朗比：「那我們一起睡吧！」他邊打呵欠邊說，然後趴在地上睡著了。

沒生過小孩是不會懂的啦～

春花媽：「你會不會覺得帶小孩很辛苦啊？」

阿朗比：「不會啊，因為我們都是有緣的相遇，所以我很珍惜可以跟他們一起生活。」

春花媽：「你講的也太偉大了吧？」

阿朗比：「蛤？我就是想生小孩、也會養小孩。不行了、不能生就不養啊，老了就不會為難自己啊，笨蛋！」他一臉「你在說什麼啊？」的樣子看著春花媽。

春花媽：「那你覺得有孩子跟沒孩子最大的差別在哪？」

阿朗比：「我老婆說，就是要不要再生一個的差別！」

「蛤？」這回換春花媽疑惑。

阿朗比：「你沒生過駒？」

春花媽：「對。」

阿朗比：「那你不會懂啦！」

「喔好……那你有什麼想跟人類說的嗎？」春花媽一邊抱著「怎麼跟甜姐說的一樣?!」的心情一邊繼續問（「甜姐」是春花媽家中的巴哥犬）。

阿朗比：「我不知道要跟其他人說什麼，但是我想跟你說，你看起來不太聰明捏！」

「為什麼？」春花媽看了看身後的大海，懷疑阿朗比看到的是自己的兒子（「大海」是春花媽家的貓兒子）。

阿朗比：「我感覺你很容易死掉！」

春花媽：「怎麼說？」好吧，他確定是看到自己沒錯。

阿朗比：「因為我們這邊的動物，都有肚子啊，要屁股大、肚子也大才好活啊，你只有屁股大，很容易死掉。」

春花媽：「蛤，喔，好……那～那我們約好每年都講話，看誰長命駒？」

阿朗比：「不用這麼麻煩吧～」邊說著就開始打了一個長長的呵欠，然後進入了夢鄉，無論春花媽怎麼搖都叫不醒。

📖 野生動物小知識　可愛和稀有程度都一絕

提到有袋類生物，多數人都會先聯想到袋鼠、無尾熊，並馬上想到一個國家──澳洲。而同樣在這個國度內生存的「袋熊」，知名度就沒有這麼高了。但是他矮短胖的身材、可愛的外貌、慵懶的行動，保證看過的人都難以忘懷他的萌，而且柔軟綿密的毛皮還很好摸。

家裡很大，歡迎光臨！

袋熊生性膽小，多數住在自己挖的地洞隧道內，有時候也會躲在岩縫中，於晨昏時分出沒。他們會把家蓋得很大，最深可達 80 公尺左右，出入口還會有好幾個。有趣的是，雖然他們獨來獨往，但是自己的家卻從來不介意別的袋熊或其他動物進去，相當溫和。而這一個特點，也意外在澳洲大火期間，讓他們的家成了許多小動物的避難所，成為最萌最可愛的打火英「熊」。

如此可愛又慵懶的小生物還有一個神奇到不行的特色──立方體大便。袋熊最廣為人知的就是一顆一顆的方型大便了，圓滾滾的身材搭配方型大便，令

科學家相當著迷，然而這是因為他們天生喝水奇少，而且腸道構造特殊，在尾端因為腸道的厚薄度不同而導致的神奇塑型效果。

稀有到無法人工繁殖

目前全球有 3 種袋熊，可依照耳朵大小去做判斷，分別是普通袋熊（無危）、南方毛吻袋熊（近危）、昆士蘭毛吻袋熊（極危）。其中昆士蘭毛吻袋熊的稀有程度可能令你難以想像，這麼迷人的小生物，全世界不但剩不到250 隻，還只有在澳洲的埃平森林國家公園和南方的理查恩德伍德自然保留區（Richard Underwood Nature Refuge）裡才看得到。政府為了保護他們，甚至築起了一道 2 公尺高的圍牆，確保昆士蘭毛吻袋熊能在這個範圍內生存，但是由於數量過度稀少，尚無法進行人工繁殖。

目前透過觀察相當接近的南澳毛吻袋熊發現，母袋熊在交配前會「咬公袋熊的屁屁一口」，雖然不知道這個動作的涵義，但科學家認為，只要解開這個可愛的謎題，就有機會能加快昆士蘭毛吻袋熊的復甦。

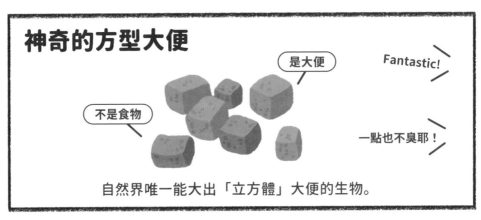

神奇的方型大便

是大便

Fantastic!

不是食物

一點也不臭耶！

自然界唯一能大出「立方體」大便的生物。

澳洲大火的意外英「熊」

好險有你…

天啊…

澳洲大火期間，袋熊的地洞意外成為許多動物的臨時避難所。

漁貓

🎤 受訪動物 —— 姓名：基爾／性別：男／年齡：中年

入水要靜得像石頭

喜歡什麼樣的地方？
沒有其他動物發現、
可以好好吃飯的地方。

對人類有什麼看法？
只有你們會打我們！

你有被魚
打過嗎？
誰會去打自己
不能吃的魚！

📁 **動物小檔案**　　**漁貓**　　　　　　　　　　　**瀕危指數：易危（VU）**

別名：釣魚貓　**英文名**：Fishing cat　**學名**：*Prionailurus viverrinus*
分布區域：中南半島、印度、巴基斯坦、斯里蘭卡、蘇門答臘以及爪哇島。居住於海拔 1500 公尺以下的河流、溪流、蘆葦濕地及紅樹林濕地等淡水資源豐富區域。　**主食**：魚類為主，也會捕食蛙類、螯蝦、螃蟹、甲殼類和軟體動物等水生生物，以及包含嚙齒類、鳥類、小牛、山羊、小型犬以及年幼斑鹿在內的陸地生物，或大型動物的屍體。　**體型**：成體長約 65 至 85 公分，體重約為 6 至 14 公斤。其體型在不同地區的大小均有差異，又以雌性體型明顯小於雄性。

可以自己好好吃飯，就好開心了！

春花媽：「你最喜歡的地方，是什麼樣子的？」

基爾：「我有一個喜歡的地方！只有我可以去！」說完，基爾給春花媽看了像是洞穴一樣的地方，隱約有些光。這是屬於他的場境，帶著春花媽參觀細節的同時，基爾也叮囑著不能讓其他人知道。

基爾：「在這邊我可以自己一個貓慢慢的吃魚，從肚子咬開、把內臟拖出來！沒有其他動物會發現我，有時候可以自己好好吃飯，就好開心了！」講起屬於自己的小確幸時刻，一直有些警戒的基爾也稍稍緩和了一些。

春花媽：「不吃飯的時候，你會和水裡的魚或動物聊天嗎？」

基爾驚訝道：「你跟魚聊天，不就被發現了嗎？你到底把食物當成什麼啊？」

春花媽慌張地轉移話題：「那你有被魚打到過嗎？」

基爾不解：「誰會去打自己不能吃的魚啊？你懂不懂啊？」

春花媽：「懂懂懂！我知道你是吃魚的，但是我有看過魚比你大的時候，這樣你也敢吃嗎？」

話音剛落，基爾就一副長眼以來沒見過這麼笨的人的樣子說道：「就是知道打得過才會吃啊！誰會邊吃飯邊去死啊？」

你們進來一次，我們就死很多！

提到會不會和其他動物互動，基爾有條不紊的繼續回答：「我會跟我的同伴講話，雖然我們沒有都住在一起，但是見到面還是會講講話。這邊還有一些猴子，會跟我們講一些遠方的事情。他們跟你們長得很像，卻不會像你們一樣會傷害我們，而是幫助我們。」

春花媽：「那可以和我們分享最近發生的、讓你最開心的事情嗎？」

「NO!!」基爾傳來了非常明確的拒絕和擔心，似乎是怕有危險，也拒絕回答更多和同伴、家人有關的問題。

春花媽：「活下去不是容易的事情。如果不用擔心生存，你最想做什麼呢？」

基爾瞪大了眼睛：「誰像你這麼傲慢，會覺得可以『不用擔心生存』？你們就是可以不用擔心才會一直欺負其他動物是嗎？那你們這種不求生存的動物應該都去死啊！」

基爾：「沒有動物會不生存就不用擔心了。我們跟環境一直在一起，環境中的

一切都在提醒我們，要小心翼翼的活著。」

春花媽：「你有被其他動物傷害過嗎？」

基爾忿忿地說：「這裡所有的動物都知道，就你們（人類）會害別的！打從你們來之後，樹也會死！草也會死！動物死的時候叫得更大聲！」

怒氣難平的基爾繼續說著：「你知道，草長出來的速度很快，我老婆懷孕一次、草都開花兩次了嗎？你們進來一次，我們就死很多！就你們什麼都不怕的打我們！你知道我多希望把你們拖進水裡淹死嗎？」同時，也給春花媽看森林被砍伐與焚燒的畫面，還有從村莊排出奇怪的水、讓很多魚浮起來的樣子。

他說，他們已經知道不能吃這種浮起來的魚了。

📖 野生動物小知識　吃魚堪比竇娥冤

和石虎長得非常相似的漁貓，是名符其實的愛吃魚！善水性的漁貓，壽命平均為 10 至 12 年，在人工飼養條件下的個體壽命最長達 17 歲。漁貓的尾巴比例較短，約為體長的三分之一，不超過體長的一半，在水裡具有協助轉向的功能。不只趾間生有半蹼、居住在水域附近，連爪子都像特製的魚鉤。較短的爪鞘，使得他們不像多數的貓科動物一樣可以完全將爪子收回，是辨認漁貓的最佳特徵。

聰明抓魚不挑食

至於為什麼叫做漁貓呢？據說是源自於他們會用爪子在水面製造漣漪、模擬魚餌來引誘獵物。有趣的是，在英文當中，Fisher cat 是指幾乎不吃魚的漁貂，而 Fishing cat 才是漁貓！

但漁貓可不只會抓魚，也會以小型動物為食，包含螃蟹、青蛙、鴨子等，可以說是任何在水邊、抓得到的獵物都吃，偶而也能看見他們取食其他動物的腐肉。要說誰是貓界吃魚之冠？或許漁貓的近親──「扁頭貓」（生活於馬來

爪鞘

科普
小辭典

大多數的貓科動物都能自由的縮放爪子，這是因為他們的第二指節骨有個特殊的凹陷，因此有空間能讓爪子收納回折；當需要攀抓、攻擊時，就會將連著爪子的第三指節骨彈出去。相較之下，犬科的第二指節骨是直的沒有凹陷，因此狗無法像貓一樣能收爪了。

半島、蘇門答臘島、婆羅洲，同樣適應吃魚）會更適合這個頭銜，坊間甚至有扁頭貓對於魚類的需求比漁貓更高的說法唷！

環境與人類帶來生存威脅

漁貓的耳朵較小，從側面可見如水獺一般的流線造型。在叢林中移動的時候，容易使人將他們與靈貓科的動物搞混（例如：麝香貓），甚至學名當中的種小名，意思就是「與靈貓相像」的「*viverrinus*」。起初，由於容易被錯認為其他動物、被誤會偷吃漁獲等原因，漁貓經常遭到誤殺。後來則是被作為主要獵捕對象，以取得毛皮或作為野味。

對於現在的漁貓來說，最主要的生存威脅，來自他們極為依賴的濕地和森林被大量破壞以用來作為農業用地，以及漁業資源的過度開發。在其他的生存威脅中，除了水資源及環境受到化學汙染，還有一項「人為的刻意捕殺」。目前除了不丹、馬來西亞和越南外，漁貓分布區的其他國家和地區都對其採取了保護措施。在中國，漁貓已被列為國家二級保護動物。

漁貓的腳掌有蹼，由於爪鞘較短，指甲不會完全縮回爪內。

除了河鮮，漁貓也敢於攻擊體型比自己大的動物，甚至山羊。

鴞鸚鵡

🎤 受訪動物 ── 姓名：皮卡斯旺迪拉／性別：男／年齡：青壯年

覺得難就不要動啊！

可以分享
爬樹的訣竅嗎？

不要急，
不要跌倒！

聽說你們不動的
時候像樹叢？

當然要像啊！

你和樹哪裡不一樣？

有些樹瘦瘦的，
我們都胖胖的。

📁 **動物小檔案**　　鴞鸚鵡　　　　　　　　　　**瀕危指數：極危（CR）**

別名：鴞鸚　**英文名**：Kakapo、Owl parrot　**學名**：*Strigops habroptilus*
分布區域：原先廣泛分布於紐西蘭的北島、南島和最南方的斯圖爾特島，目前僅剩斯圖爾特島及紐西蘭周邊三個小島上有再引入的族群。
主食：植食性。原生地周遭植物的種子、毬果、果實、花粉、根莖，甚至是樹木邊材，都可能成為他們的食物。
體型：雄性成鳥體長可達 60 公分，體重約 2 至 4 公斤。

難就不要動啊，這不是很簡單嗎？

春花媽：「可以和我們分享你最喜歡的樹嗎？」

皮卡斯旺迪拉：「樹我們都喜歡！因為他們保護著我們啊！」

春花媽給皮卡斯旺迪拉看紐西蘭陸均松（Rimu）：「人類觀察到，你們好像特別喜歡這種樹！」

皮卡斯旺迪拉：「你說綠里木啊？對啊，他很香、很好吃，有時候味道濃到我全身都是他的味道，那我就特別的快樂！但是如果他沒有種子出來，我還是會喜歡他。在這裡的植物我都喜歡啊！你現在躺著綠綠的，我也有點喜歡你了。」

春花媽：「據說你們現在生活的地方，想吃你們的動物比較少。你喜歡現在住的地方嗎？」

皮卡斯旺迪拉：「有時候你們還是會來把我抓走啊！嚇死我了！」

春花媽：「你有被抓走？」

皮卡斯旺迪拉：「對啊，然後就又回來了，我不知道你們要幹嘛？」

春花媽：「你的腳爪很大！可以和我們說說爬樹的訣竅嗎？」

皮卡斯旺迪拉：「抓好了就不要動，等身體都跟上了再繼續前進。樹不會跑，自己不要跌倒！」

春花媽：「聽起來不難。」

皮卡斯旺迪拉：「難就不要動啊，這不是很簡單嗎？」由於太有道理，春花媽邊狂笑邊點頭。

春花媽：「你們不動的時候很像樹叢。你自己覺得你和植物像嗎？有什麼一樣和不一樣的地方呢？」

皮卡斯旺迪拉：「當然要像啊，我們從以前就長得很像啊，不然怎麼活下去，長得很清楚的早就被吃掉了。像你這樣黃黃的，一看到就被吃掉了，快點把葉子放到身上啊！」皮卡斯旺迪拉慌慌張張抓了點葉子給春花媽。

春花媽：「你覺得你跟植物像嗎？你覺得你只有長得像，還是心裡也像？」

皮卡斯旺迪拉：「像啊，我們能不動就不動。我也是跟他一樣慢慢長啊～然後被風吹的時候羽毛也會搖一搖啊～而且我們的羽毛和他的葉子都不會掉喔！他們有些樹長很大，有些樹就瘦瘦的，但是我們都胖胖的。」

說起紐西蘭不會飛的鳥，可不只有鷸鴕（奇異鳥），鴞鸚鵡也是其一。

只在「求偶展示場」交配

鴞鸚鵡的雌性數量比雄性要少一些，是少數實行一夫多妻制的鸚鵡。最特別的是，鴞鸚鵡是唯一一種具備「求偶展示場」交配模式的鸚鵡。平常獨居的他們，到了繁殖季節，雄鳥會跋涉數公里，齊聚在每隔數年一起使用的展示場。展示場中有許多土坑，彼此有通道相連。雄鳥們會在各自的坑裡，用低頻如鼓聲的鳴聲吸引雌鳥前來。有時雌鳥甚至會為了找到心儀的交配場，長途跋涉 5 公里以上。看起來為愛不顧一切嗎？錯！多數鴞鸚鵡對於異性的興趣其實不是很大，相遇僅是為了交配，而且只會在求偶展示場進行。此外，雄鳥在 5 歲前鮮少出現求偶行為，雌鳥甚至在 9 歲前後，才會開始尋訪異性的展示場。

毛利人視為神賜的存在

在毛利人文化中，鴞鸚鵡美味，羽毛可作為保暖用途，而且其嗅覺靈敏，繁殖季節多半伴隨著森林豐饒的景象，是神賜一般的存在！研究曾指出，鴞鸚鵡的繁殖期有週期性，可能每 2 到 4 年才繁殖一次，和其重要的食物來源——紐西蘭陸均松的毬果成熟期有一定的相關性。因此毛利人認為，如果看見鴞鸚鵡的展示場或尋訪活動，則當年將會是豐收之年，藉以預知未來。再加上其親人、不會飛翔又易捕捉的特點，也被視為神捨身賜眾的代表，故也有將鴞鸚鵡作為寵物飼養的紀錄。

不會飛的爬樹高手

鴞鸚鵡不只受到人類的喜愛，對於掠食者來說，也是香噴噴的美味大餐！關於他們的「味道」，曾被記錄為「具有猛烈衝擊的氣味」，更多的是「麝香」、「蜜糖」，以及「甜香味」，被譽為鳥中之羊。有趣的是，「鳥中之羊」鴞鸚

龍骨突

鳥類胸骨腹面的一道縱向脊狀突起，形狀很像船底的「龍骨」構造而得名。鳥類用於飛行的肌肉附著於此，因此擅長飛行的鳥類龍骨突特別發達，然而像是鴕鳥、企鵝等不會飛的鳥類，其龍骨突則趨向退化。

科普
小辭典

鸚和分家了3000萬年、同樣分布於紐西蘭的啄羊鸚鵡，物種關係可最接近呢！身為世上唯一一種不會飛的鸚鵡，鴞鸚鵡們胸骨的龍骨突並不發達，因此無法有足夠空間附著用來振翅飛行的肌肉。然而，他們可是爬樹高手！能夠以強壯的腳爪攀附樹木，爬到至少20公尺高的樹上取食毬果的果鱗。據研究，鴞鸚鵡也可能是壽命最長的鸚鵡，普遍相信可達60歲以上。他們也是體重最重的鸚鵡，成體可達2至4公斤，和1歲前的貓差不多重。

鴞鸚鵡在遇到騷擾時會原地不動，用自身的保護色來隱藏自己。這招對像是猛禽這樣靠視覺打獵的本土掠食者非常有效，可是對於依靠嗅覺的貓、狗、鼬等外來掠食者，就完全成了致命傷，是為他們瀕臨滅絕的主因。自2005年11月開始，全紐西蘭餘下的鴞鸚鵡族群僅在4個幾乎沒有外來掠食者的地區活動，並受到高度保護，目前登記在案的每一隻鴞鸚鵡，都有自己的名字。而在紐西蘭南面峽灣區的2個島嶼上，為了提供合適的生境給鴞鸚鵡居住，也正在進行大規模的海島復育活動。

1、2、3，木頭鳥！

生長在茂密樹林的鴞鸚鵡，遇到危險就會原地停止不動。

圓滾滾也能上下自如

他是唯一不會飛的鸚鵡，但靠著強壯雙腳能奔跑也能爬樹。

野雙峰駱駝

🎤 受訪動物 —— 姓名：不詳／性別：男／年齡：青年

不都是你們殺的嗎？

你怎麼在沙漠中
找到方向的？

我只走
會活下去的路。

好多駱駝都跟
人類一起活。

那些都
不是駱駝。

你們覺得人類
怎麼樣？

你們從未讓動物
好活過。

📁 **動物小檔案**　　**野雙峰駱駝**　　　　　　**瀕危指數：極危（CR）**

別名：野雙峰駝　**英文名**：Wild Bactrian camel　**學名**：*Camelus ferus*

分布區域：中國甘肅及蒙古一帶、羅布泊駱駝國家自然保護區、蒙古戈壁沙漠。

主食：各種植食性食物，樹葉、嫩芽、枝條、灌木、乾草、穀物等，布滿棘刺
的仙人掌也能輕鬆下嚥。

體型：身長約 200 公分，成年駱駝體重 300 ～ 690 公斤。但由於數量少，確切
數據並沒有嚴謹的學術認證。

訪問開始之前，春花媽跟著雙峰駱駝走了很久很久，距離從很遠慢慢推進，花了一、兩天時間才走到他身邊，他都沒回頭。但是每當春花媽離開時，他又會很慢的轉頭，看著春花媽離開。有天，突然有點水氣，一點點的雨，又好像沒下過雨一樣，但是些微潤澤的空氣，讓他停下來跟春花媽說話。

那不是駱駝，只是你們人類養的東西

春花媽：「你們的同伴現在越來越少了，你有消失的同伴嗎？他是怎麼消失的？」雙峰駱駝生氣地反問：「不都是你們殺的嗎？」春花媽慌忙地回應：「我沒有！」但是一回答，又覺得應該是人類殺的，頓時不敢繼續說話。

雙峰駱駝：「你們不殺我們，也是活生生的把我們帶走，你們不殺我們，也等於把我們給殺了，不是嗎？」春花媽沉默，不敢接話。

雙峰駱駝：「跟你們接觸的駱駝都沒有再回來，你不是殺了駱駝，你殺了什麼？」接著他開始繼續往前走，春花媽也小步小步地跟著，但是不敢靠太近，剛才恍如海市蜃樓的親近感，已經消逝在炎熱的太陽下。

想了很久，春花媽決定傳在動物園的雙峰駱駝給他看，又花了幾天，把世界各地動物園有的雙峰駱駝的樣子都傳了，接著春花媽發現他在注意他們的腳。

「這些是生活在人類周圍的雙峰駱駝，不是每一個駱駝都被我們殺掉了，有一些被珍惜著，好好地珍惜著。」春花媽試著開啟對話。

雙峰駱駝並沒有回頭，只是繼續回答春花媽：「他們的腳看起來都沒走過太多的路，他們不是健康的駱駝，他們的眼睛裡也不會有水。」

春花媽：「有水？」

「看他們不珍惜水的樣子，那不是駱駝，那是你們人類養的東西而已。」他看著水槽前的駱駝，看著噴濺到地上的水漬，恨恨地說。

這些你不需要知道

一連問了好幾個問題，駱駝皆不搭理，直到春花媽問他：「在看不到路的沙漠裡，你是怎麼找到方向的呢？」

雙峰駱駝這才有了回應：「我們只走會讓我們活下去的路。」

春花媽趕緊接著問：「怎樣才能知道這條路會活下去呢？」

雙峰駱駝：「你在這邊不會活，你就不需要知道，人知道得越多，只會對我們

更苛刻。」

春花媽：「我完全無法反駁你……」

雙峰駱駝：「你們這種生物，從未讓動物好活過。」

他冷漠地說出了心中對人類的看法，接著再也不願回答任何問題。

📖 野生動物小知識　沙漠中的省水大使

多數人大概都知道，駱駝有分單峰、雙峰 2 種，但其實還有第 3 種！本來專家認為野雙峰駱駝是雙峰駱駝的野化族群，後來透過 DNA 證據才發現，原來位於野外的雙峰駱駝其實是不同的物種，彼此分家的年代已經超過百萬年。他們比起現在看到的馴化雙峰駱駝體型還小一點，頭骨較扁，駝峰小很多。因此世界上總共有 3 種駱駝：單峰駱駝、雙峰駱駝、野雙峰駱駝。其中野雙峰駱駝目前推估全球僅存不到 1400 頭了。

或許你會想問：「那有沒有野生的單峰駱駝呢？」很遺憾的，雖然我們對駱駝並不陌生，而且習慣在動物園、各種圖畫、故事中看見他們的身影，但是駱駝千百年來已經長期被人類馴化，目前野外除了野雙峰駱駝之外，駱駝已經完全在野外滅絕了（非天然分布地的外來種族群不算數喔）。沒錯，你我這麼熟悉的動物，已經在大自然中滅絕。

靠紅血球儲存水分

駱駝素有「沙漠之舟」的稱號，許多人常有「駱駝之所以能在沙漠中生活，是因為水分都存在駝峰內」的錯誤迷思。其實，駱駝真正儲存水分的地方在血液中！這個存活的關鍵在於他們特殊的紅血球，可以膨脹至 240% 來儲存水分，當駱駝真的有緊急的缺水狀態，便可使用血液內的水分。這讓他們可以在極端脫水的狀況下存活，2 週不喝一滴水都沒問題。而這個充滿彈性的紅血球也使他們能夠在短時間內喝下大量水分，一頭 600 公斤的駱駝可以在十多分鐘內喝下多達 200 公升的水，從脫水狀態下迅速恢復。

既然提到了水，就該提一下每一隻駱駝都是「省水大使」。他們之所以可以生活在沙漠中，原因在於超高效率的用水方式。為了生存，駱駝的惜水表現在屎尿上。他們的尿液水分含量奇低，幾乎可說是半糊糊狀。糞便也極其乾燥，乾到可以直接拿來生火，成為遊牧民族自古以來重要的生火材料。由於沙漠中水分相當稀缺，野生的雙峰駝甚至可以飲用比海水更鹹的鹹水泉而生存，這應

該是其他陸生哺乳動物都無法辦到的事情，冬天來臨時，更能吃雪維生，稱他們「省水大使」絕對當之無愧。

人類活動重創族群數量

1964 年開始，中國在羅布泊進行核武實驗，當時野雙峰駱駝似乎不受輻射汙染的威脅，照常繁殖生息，且因為人類活動被限制在最低限度而保有一定的數量。然而，自 1996 年後，因為簽訂了禁止核試驗條約的關係，這一塊野雙峰駱駝的棲息地不再是軍事禁區，人類的文明活動增多，負面影響接踵而來，重創野雙峰駱駝的族群數量。自 1982 年以來，蒙古與中國陸續成立數個保護區，並嘗試藉由圈養繁殖計畫來增加族群數量。

另一方面，時至今日，盜獵的危機仍然存在，戈壁保護區境內每年有 25 到 30 頭被獵殺的個體。甚至在羅布泊當中，每年會有 20 頭野雙峰駱駝會因為獵人在鹹水泉下埋的地雷而身亡。諸多威脅之下，導致廣大無垠的中國西北方沙漠中，越來越見不到他們的身影了。

天生的喝水高手

小意思～

我要水中毒了…

駱駝可以在十幾分鐘內喝掉 200 公升的水，是喝水界的高手。

野外的世界找不到他

嗯…我建議你去動物園…

我是來尋找美麗的野雙峰駱駝的～

野雙峰駱駝數量稀少，全世界僅存不到 1400 頭，相當罕見。

羅氏長頸鹿

🎤 受訪動物 —— 姓名：焙齊／性別：男／年齡：青少年

打完架才會想到痛

人類給你什麼感覺？

你們很大聲！

你們打架
看起來很暈耶。

痛就是已經
被打到了。

你夜晚都做些
什麼呢？

看活下去的路
怎麼走啊！

📁 **動物小檔案**　　羅氏長頸鹿　　　　　　　　　**瀕危指數：近危（NT）**

別名：烏干達長頸鹿、巴林戈長頸鹿　**英文名**：Rothschild's giraffe　**學名**：
Giraffa camelopardalis rothschildi　**分布區域**：野生族群僅在肯亞西部與烏干
達北部。　**主食**：植食性。以金合歡、沒藥屬和欖仁樹的葉子為主，也會攝取
芽菜或花果，能吃超過百餘種植物。也有觀察到啃食枯骨以攝取鈣質，或者進
食樹枝時一併吞下昆蟲的紀錄。　**體型**：成體雄性最高可達 6 公尺。

不是聰明的猴子

春花媽：「對你而言喝水是件容易的事嗎？」

焙齊反問：「你會喝水嗎？」

春花媽：「會，我是這樣喝的。」春花媽順手端起桌上的水杯喝掉。

焙齊：「那你也不是聰明的猴子。這裡大家都用嘴巴喝，你還這麼麻煩，你會死掉！」

春花媽給焙齊看撈水的畫面，反駁道：「如果我用手撈水，這樣我的水會一直流掉，也喝不到啊！」

焙齊：「所以我就說你容易死掉啊！喝水就是快點用嘴巴喝啊！哪有用手喝的？」

春花媽不知怎麼回應，只好換個話題：「最近的食物有什麼不一樣嗎？你覺得最近的環境有什麼不一樣？」

焙齊：「蟲會跟我們搶食物！好多蟲，太多了！」焙齊傳來很多蝗蟲的畫面。

焙齊補充：「我還吃到蟲過，真是太奇怪的味道了！而且他們在我身上，讓我覺得好癢！有時候還跑到耳朵裡，這真的太煩了，都不知道從哪裡來的。」

一直睡就會死掉

春花媽：「你們打架的時候看起來頭很痛，好像很暈。你有認真的打過架嗎？會不會暈？」

焙齊：「打完才會想到痛，好嗎？打的時候想到痛，就是已經被打到了。你這樣問就是不會打架啊！」說完，焙齊甩了一下脖子，又用脖子架個枴子，春花媽就這樣飛了出去！

焙齊不帶感情的說：「真不會打架，好笨！」

春花媽搖搖晃晃地回來繼續問：「你晚上不睡覺的時候會做什麼呢？」

焙齊又嘮叨起來：「看奇怪的味道從哪邊來啊！如果有阿羅奇納（獅子）或是他的同伴要吃我們，我們要看到啊！夜裡又不是什麼都看得清楚，一直睡就會死掉。除了阿羅奇納，還有很多動物都會吃我們啊！我們在看自己活下去的路要怎麼走啊！哪像你這麼容易死掉？有夠可憐的！」

春花媽：「每天最喜歡什麼時候呢？」

焙齊：「醒來還可以不用馬上醒來，但是還活著的時候。」

春花媽：「可以跟我們分享和樹或者大地說的話嗎？」

焙齊：「樹葉說『吃我的時候留多一點，下次就可以吃多一點。』」

春花媽：「那你有吃少一點嗎？」

焙齊：「看我餓不餓啊！」

📖 野生動物小知識　夢幻！高貴！麒麟王！

　　長脖子，背有鬃毛，再加上全身遍布如鱗的斑塊色彩，被當作祥瑞之獸「麒麟」化身的「麒麟鹿」，就是長頸鹿了！過去認為，長頸鹿只有1個物種，分為9個亞種。2016年之後，動物學家們才確定這9個亞種的長頸鹿，原來應該被分成北方長頸鹿（Giraffa camelopardalis）、網紋長頸鹿（Giraffa reticulata）、馬賽長頸鹿（Giraffa tippelskirchi）和南方長頸鹿（Giraffa giraffa）4個物種，而不單單只是「一種長頸鹿」這麼簡單。

身高最高的長頸鹿

　　不僅在古代珍貴稀有，現存的長頸鹿也數量稀少。只有南方長頸鹿是族群數量比較安全的物種。另外3種長頸鹿，都是近危甚至瀕危的物種。北方長頸鹿裡，唯一擁有5個皮骨角、彷彿穿著透白的高貴長襪，而且每個斑塊都有著由深至淺、向外漸層的迷幻色彩的亞種，就是「羅氏長頸鹿」啦！

　　羅氏長頸鹿以小群生活為主，雄性與雌性雖然會一起生活，但是只有在交配時會走在一起。和人類一樣，他們也是全年可以繁衍後代的動物，通常一次只會生1個寶寶，妊娠期為14個月。不只桂冠和白襪使他們顯得外貌出眾，羅氏長頸鹿也是身高最高的長頸鹿，雄性身高可直逼6公尺！並肩走起路來，格外有皇室般的氣場！雖然身高比別人高，但是所有的長頸鹿都和大多數的哺乳類一樣，頸椎不多不少，都只有7節。

科普
小辭典

皮骨角
長頸鹿和近親歐卡皮鹿頭上特有的角，和其他草食動物的角差異很大，沒有分岔也不會脫落。皮骨角內部是由軟骨構成，角上長有毛髮皮膚。公長頸鹿的皮骨角頂端是光禿禿的，而母長頸鹿的角頂端長有棕黑色的毛。

站著坐著都能睡

看起來溫馴無害，但這些草食貴族們打起架來卻一點也不好惹！除了用腳踢擊、趕走威脅，更常用脖子和頭槌打架，甚至也有脖子骨折的紀錄。你可能會好奇，看過長頸鹿低頭劈腿喝水，那他們要怎麼睡覺呢？長頸鹿一天的睡眠時間不超過 5 小時，但不是一次睡滿，而是全日斷斷續續加總起來的睡眠時間。一覺可能只有 3 分鐘，也可能是 15 分鐘，可以站著睡，也會以坐臥的方式睡覺。

羅氏長頸鹿的野生族群過去曾經遍布肯亞、烏干達與蘇丹，現在只存於肯亞西部和烏干達北部一帶。2021 年 2 月，在肯亞的保護區內曾發生 3 頭羅氏長頸鹿誤撞低垂的電纜而致死的意外，有關當局也在事後嚴正看待，要求將電線桿的高度架高以避免憾事再度發生。然而，野生長頸鹿也同樣受到了非法盜獵以及棲地破碎化等人為因素影響，數量已經大不如前。雪上加霜的是，分布地靠近的不同長頸鹿亞種，也容易彼此兩情相悅，造成雜交、遺傳滲入的混種問題，導致珍貴的遺傳多樣性流失。

長頸鹿一天只會斷斷續續睡約 5 小時，晚上通常也醒著。

不僅拳腳功夫了得，長頸鹿更擅長用脖子打架喔！

CHAPTER 3

空中的野生動物

我可是菲律賓的國鳥喔。

答案見 P.165

男生要負責送餐給住在樹洞裡的太太和孩子。

答案見 P.185

我的求偶舞跳得很好。

答案見 P.156

《哈利波特》裡的嘿美就是我。

答案見 P.177

我每秒可以振翅 80 次，厲害吧～

答案見 P.169

我們每年都會
來台灣過冬。

答案見 P.181

跟其他的同類相比，
我沒有很愛說話。

答案見 P.189

寶可夢裡的滾滾蝙蝠
就是我啦！

答案見 P.161

美洲鶴

求偶舞真的很難呀！

你有找到
伴侶了嗎？

我今年一定
可以生小孩！

你跳過求偶舞嗎？

我有練習！

長途飛行時
你都在想什麼？

我要好好活下去。

📁 **動物小檔案**　　美洲鶴　　　　　　　　　瀕危指數：瀕危（EN）

別名：高鳴鶴

英文名：Whooping crane

學名：*Grus americana*

分布區域：北美地區。

主食：雜食性，甲殼類、軟體動物、兩棲類、魚類、水生植物、漿果、穀類等。

體型：站高約 1.5 公尺，體重 6 ～ 7 公斤。

不要打架啊！懂嗎？

春花媽：「聽說你們會飛很遠很遠的路過冬，在這麼長的飛行中，你都在想些什麼呢？」

美洲鶴：「就是好好地飛啊！為了要活下去、為了要生下一代，就要好好地飛啊！」

春花媽：「所以就什麼都不用想？」

美洲鶴：「讓身體帶著我們飛就好啊。」

春花媽忍不住追問：「都不用認路？」

美洲鶴：「往溫暖的地方飛就好了啊！」

春花媽：「那你們在飛的時候都不用想事情，單純重覆的飛，其實是不是可以不用腦子啊？」

美洲鶴：「腦子？」輪到美洲鶴有疑問了，他不明白「腦子」是什麼。

在春花媽解釋完腦子的意思之後，美洲鶴緩緩地回道：「你說的東西本來就在我身體裡面的話，它就是我的，就會跟我一起飛，腦子跟身體不會分開，所以我們就是一起飛，一起飛去我們想去的地方啊。」

春花媽：「喔……」

美洲鶴：「是我想做的事情，我的身體一定全部都會幫助我啊，難道你的不是嗎？」

春花媽本來想說自己其實常常「說一套做一套」，覺得自己的腦子和嘴巴都不可靠，但想了想還是沒再繼續說下去，轉而問了其他問題。

春花媽：「你的生活環境中有很多敵人嗎？」

美洲鶴：「『敵人』是什麼？」

春花媽：「就是你看到會想打他，或是他會想打你的。」

美洲鶴：「如果我會想打他，也是被他逼的吧。沒事不要自己找敵人啊，你很愛打架嗎？」

春花媽：「我？我不愛啊！我是關心你，因為你是很少很少的動物，會擔心你們是不是因為敵人很多，才會越來越少。」

美洲鶴：「我們很少啊？」他微微驚訝地回問。

春花媽：「你們真的剩下不多啊……」

美洲鶴：「很少就更不要打架啊，懂嗎？」他說完輕輕地啄了一下春花媽的臉。

春花媽：「懂……」不知為何，春花媽有一種在跟家中阿嬤說話的感覺。

東西真的不能亂吃啊！

春花媽：「你有伴侶了嗎？聽說你們求偶的舞蹈很特別，你有看過或跳過嗎？」

美洲鶴：「我有練習，但是還沒有小孩，也還沒有鳥被我吸引。」

春花媽：「是喔？怎麼說？」

美洲鶴：「我還不夠大，跳起來太小，看不見！」

接著，美洲鶴開始跟春花媽說起自己如何學習求偶舞。他們會先觀察大鳥的動作，然後在旁邊學習，翅膀張開的時候要把腳抬起來，但是身體彎下去。

美洲鶴：「我也常常來不及啊！你也跳跳看！」

春花媽試著用單腳支撐身體，雙手去觸碰地板，抖抖的完成。

美洲鶴：「真的很難吧！」

春花媽無比認同美洲鶴的想法，點了點頭回答道：「真的。」

春花媽：「最近你們食物還好找嗎？」

美洲鶴：「還可以啊，但是會有很奇怪的味道，有時候蟲吃起來像魚，魚吃起來像蟲，很奇怪！」

春花媽：「這麼奇特，這樣不會有賺到的感覺嗎？吃蟲變吃魚，吃魚變吃蟲！」

美洲鶴：「你真的覺得這樣很棒嗎？」

「……可能不是很棒啦！」春花媽後來想想可能是汙染的緣故，又覺得不好了。

美洲鶴：「本來就不是很棒啊，如果蟲是魚，魚是蟲，那我知道什麼能吃、什麼不能吃嗎？他們就應該要是原來的樣子，我也才會是原來的我啊！」

彷彿聽到了什麼哲理，春花媽瞬間愣住了，一時半刻之間無法回話。

「你還是你嗎？」見春花媽沒有反應，美洲鶴再度輕啄了她一下。

「蛤？我還是我。」春花媽回神後馬上回答他。

「所以東西不能亂吃呀。」美洲鶴這樣說著。

📖 野生動物小知識　一不小心就路邊認爸媽啦！

如果動物界要用個性呆萌舉辦比賽的話，美洲鶴可能名列前三。

身為北美特有種的他們，是北美身高最高的飛行鳥類，展翅的距離達 180 至 210 公分寬，身高可達 150 公分。拿台灣肉雞來比的話，1 隻美洲鶴等於 5

隻台灣肉雞，是體型相當巨大的鳥，同時也因為本身特殊的叫聲，又被稱做「高鳴鶴」。

每年長途遷徙 4000 公里

為了食物與繁殖，他們每年都會進行一次長途遷徙，從美國德州飛到墨西哥灣海岸的阿蘭薩斯國家公園，再飛到加拿大的伍德布法羅國家公園，整段旅程約 4000 公里。如果以台灣環島是 1200 公里來說，等於每隻美洲鶴一年要環島台灣 3.3 次！

因為體型巨大的緣故，除了截尾貓（bobcat，不是小貓咪，是大山貓）有辦法獵捕他們之外，美洲鶴成年之後就不太有天敵了，因此沒有什麼競爭意識。數量漸漸減少的原因，主要是因為人類過去的獵捕和棲地的破壞，以及遷徙過程中的各種人為因素。

蛋偷越多生越多

至於為什麼說他們個性呆萌呢？這就要從專家復育計畫說起。人類從1941 年開始試圖復育珍貴的美洲鶴，據觀察發現他們是一夫一妻制，一次會產下 1 至 2 顆蛋，但通過巢內競爭最後只會存活 1 隻。因此專家趁美洲鶴爸媽不注意時偷走 1 顆蛋，然後居然發現美洲鶴又默默生了 1 顆！第 2 顆如果再被偷走，就會再產下第 3 顆……因此專家會盡量把蛋偷走，讓他們盡可能多生育。

但是偷來的蛋該怎麼養？專家一開始把美洲鶴的蛋放到鄰近的沙丘鶴巢穴中，殊不知沙丘鶴也是呆萌一族，絲毫不覺有異，完全當成自己的小孩在養，可惜的是，養父母帶大的美洲鶴認為自己就是沙丘鶴，長大後也不接受美洲鶴，所以宣告失敗。

人工復育有缺憾

既然如此，為了避免銘印作用，不能讓鶴寶寶們認為自己是人類的孩子，

銘印作用

指的是生物的一種不可逆的學習模式，會在特定時期因環境刺激而成為特定的行為模式。許多雛鳥會把孵化後第一眼見到的對象當成媽媽跟著，就是屬於「後代銘印」。對於未來要回歸大自然野放的動物，在養育時就得避免他們產生銘印作用。

科普
小辭典

因此專家們身穿白衣，還把頭包得緊緊的，並戴上鳥頭手套（一開始甚至是用標本製作的喔，只是後來專家覺得「怪怪的」，才換成人工製作的手套）。為了取得寶寶的信任，他們事先錄好成年美洲鶴的聲音，隨身攜帶播放，利用鳥頭啄飼料、做危機演習⋯⋯等，開始了人類爸媽的養育歷程。

沒想到這種 COSPLAY 的行為還真的超有用！鶴寶寶們把假爸媽當成真爸媽，天天形影不離，這讓專家大為振奮。他們利用滑翔翼教雛鳥們飛行，甚至幫鶴寶寶們規劃了一條更安穩的遷徙路線，從威斯康辛州一路飛到佛羅里達州，長達 4 年時間陪伴飛行，直到他們真的記住了這條路線！

這項計畫持續了 25 年之久，美洲鶴的數量也從原本的 21 隻增加到 612 隻。看似成功的復育，可是後來發現人工養大的美洲鶴個體幾乎很難在野外繁殖下一代，再加上預算被砍，只好終止了這項計畫。目前人類努力的方向改從環境改善、教育推廣下手，也一併保護了其他物種。

高處的空氣就是新鮮

哇！
你好高呀！

鶴立雞群
你懂的！

北美最高的鳥類，身高可達 1.5 公尺，相當於 5 隻台灣肉雞。

美洲鶴寶寶與人類爸媽

cos 美洲鶴
的復育專家

寶寶，這樣就
可以吃東西囉！

原來如此！

為了復育，專家身穿美洲鶴服裝假扮爸媽，來教導寶寶們進食。

宏都拉斯白蝙蝠

🎤 受訪動物 —— 姓名：皮／性別：男／年齡：少年

我一直都超快樂喔！

最近樹葉好找嗎？

有時候會找到
壞掉的呀。

對你而言
什麼最重要？

家人啊！

你跟同伴
感情好嗎？

我們都是
緊密在一起！

📁 **動物小檔案**　　宏都拉斯白蝙蝠　　　　　　　**瀕危指數：近危（NT）**

別名：帳棚蝙蝠

英文名：Honduran white bat

學名：*Ectophylla alba*

分布區域：中美洲地區。

主食：2 種無花果樹的成熟果實。

體型：體長約 3.7 至 4.7 公分，體重約 5 至 6 公克。

你要學會分重要和不重要的啦

春花媽：「蠻多你的同類都住在樹上耶，但你住在葉子的下面，你覺得最近樹葉好找嗎？」

皮：「好找啊，只是不會都是新新的葉子，有時候是壞掉的。」

春花媽：「壞掉的？」

皮：「上次的就壞掉了，這次也沒好的葉子，他們有時候跟以前不一樣，不像我們可以擠在一起長。」

春花媽：「擠在一起長？」春花媽推測是「茂密」的意思，繼續試著多探問。

皮：「他們現在有時候就是隔很開，也不夠綠，所以我們就會更快的搬家啊！你也會搬家嗎？」

春花媽：「因為我搬家要帶好多東西，所以我都很久才搬一次！」

皮：「帶重要的東西就好啦！」他一臉奇怪的看著春花媽。

春花媽：「可～我覺得都很重要捏！」

皮：「你現在分不出來，以後也不會分。你要加油，要學會分重要的跟不重要的唷，知道嗎？」皮突然開始認真說著。

春花媽：「好！那對你而言，什麼是重要的啊？」

皮：「家人啊，我們會一起搬家，就是因為彼此才是最重要的。我們又會幫助彼此，也會照顧彼此，這樣一起動，就是一起好啊！」

春花媽：「收到，我會記得互相照顧的家人最重要！」

為什麼你的毛就這麼奇怪啊？

春花媽：「你有遇過敵人嗎？」

皮：「敵人是什麼？」

春花媽：「敵人就是會讓你們活不下去的東西。」

皮：「那就是你啊！」

春花媽大吃一驚的解釋：「蛤？我沒有啊，你是說跟我很像的動物吧？」

皮：「對啊！你好像常被嚇到齁？」

春花媽：「對啊，因為在你之前也有很多動物……說人類讓他們活不下去……」

皮：「為什麼你不想讓我們活下去啊？」

春花媽：「我想、我超想，我甚至覺得你們比我還貴重、比我們還需要繼續活

著！只是就像我前面提到的，人類很矛盾，所以才會有像家人會保護你們的，也有會傷害你們的！」春花媽認真的說著。

皮：「唉唷，你也長毛、我也長毛，為什麼你的毛就這麼奇怪啊？讓你們變成長得一樣，但是做事情這麼不一樣的動物呢？」皮忍不住說出了心中的疑惑，春花媽聽到這樣的問句也大笑了。

皮：「哎呀你笑了，呵呵，你會笑就好，你笑比較好看。你們有些毛長錯，改掉就好，你的毛是好的，就繼續好下去就好了啊！」

春花媽：「我的毛是好的毛嗎？」春花媽忍著嘴角笑意反問。

皮：「就像我選擇跟你在一起講話，講話的時候開心就好。一次做一件事情，就是很棒的大寶包！」

聽完皮的稱讚，春花媽再也忍不住，笑到流淚。

📖 野生動物小知識　藏在赫蕉葉下的小白豬口味大福

說起蝙蝠，總是給人「黑暗」、「邪惡」、「吸血」等暗黑形象，但是宏都拉斯白蝙蝠絕對會顛覆大眾的刻板印象。因為他不但不吸血（說真的吸血的蝙蝠也不多啦，都是誤會）、不黑暗（他是白色的），甚至一點也不邪惡！

宏都拉斯白蝙蝠擁有嬌小可愛的身材，體長不超過 5 公分，放在人類掌心就像是一顆毛茸茸的大福麻糬，白色身體搭配橘黃色的鼻子、耳朵，看起來活像隻小白豬，非常討喜。寶可夢裡的「滾滾蝙蝠」，就是以他為原型喔！

在樹葉間游牧紮營

小小隻的宏都拉斯白蝙蝠不住在山洞中，也不住在陰暗處，他們會尋找長橢圓形葉片的赫蕉屬植物居住（長得很像香蕉葉）。居住方式也相當可愛，先沿著葉子的主葉脈啃咬，讓葉子自然垂落變成天然的帳篷，接著便三五成群的窩在帳篷中，一群白蝙蝠窩在一起活像是一大盒大福（也有人覺得像山竹、麻糬，總之都像食物），白天往葉子下方探望，就有機會發現這群小可愛的蹤影。

不過葉子可不是石頭，沒辦法長久居住，最多只能待上 7 週，之後葉子就會開始凋零，大福們就需要重新找尋更適合的葉子來改造。由於宏都拉斯白蝙蝠主要生活在中美洲等熱帶地區，因此他們可以說是「熱帶地區的游牧民族」，通常跟著有果的樹搭帳篷，在葉子與葉子之間搬家。值得一提的是，住在一

起的不一定是同一個家庭，也可能是一群群聚的雄蝠或雌蝠，任務各有不同。

身體的橘黃色來自類胡蘿蔔素

　　他們是世界上體型最小的食果蝠之一。嬌小的白蝙蝠幾乎只吃熱帶雨林中1至2種無花果樹的小果實，身上的橘黃色是由食物中的類胡蘿蔔素轉換而成，由於轉換的程度不同，因此每一隻白蝙蝠的鼻子耳朵顏色都不盡相同。他們是目前唯一被發現可以將類胡蘿蔔素體現在皮膚上的哺乳動物，人類也以他們來研究黃斑部病變的治療。

　　宏都拉斯白蝙蝠身形嬌小，相對的天敵也很多。猛禽、蛇、負鼠、猴子都可以輕易捕食他們，因此他們的警覺性很強，任何體型稍大的動物靠近帳篷前，搖晃的帳篷會讓他們立刻察覺，並且在第一時間鳥獸散，等危機過後再回來；此時如果帳篷被破壞，就得再找新家住了。雖然生活好像很困難，但真正影響他們生存的，最終還是人類對棲地造成的破壞，人口成長、土地開發，加上他們對食物的高度專一性，小可愛們已經逐年快速遞減了。

世上最小的食果蝙蝠之一

好小！
是 baby 蝙蝠嗎～

我是成熟的大人啦！

我是成熟的乒乓球…

身長不到5公分的他們，是標準素食者，只吃1～2種無花果。

樹葉就是我的天然帳篷

本插圖是以由下往上看的視角所呈現

我們在樹下彼此執著凝望～

愛與割捨來回碰撞～

…是要不要讓人睡覺？

他們常在赫蕉葉下游牧式紮營，就像天然的帳篷。

食猿鵰

🎙 受訪動物 —— 姓名：圖鄂／性別：男／年齡：接近中年

森林已經變小很久了

你有伴侶嗎？

我已經失去她
很久了。

討厭人類嗎？

不喜歡比我猖狂的生物。

沒有我抓不到
的獵物。

最近獵物
還好抓嗎？

📁 **動物小檔案**　食猿鵰　　　　　　　　**瀕危指數：極危（CR）**

別名：食猴鵰、菲律賓鵰、菲律賓鷹　**英文名**：Philippine eagle

學名：*Pithecophaga jefferyi*

分布區域：菲律賓的呂宋島東部、薩馬島、萊特島以及民答那峨島的雨林中。民答那峨島有最大的種群，約有 200 對成鳥。

主食：菲律賓鼯猴、椰子貓、獼猴、雲鼠、飛鼠等囓齒動物，以及蝙蝠、鳥類、蛇、巨蜥等。　**體型**：翼展約 2 公尺，體長可達 105 公分。

沒有動物想成為你們

春花媽：「你覺得最近森林有什麼地方變得不一樣嗎？」

圖鄂：「森林變小很久了，不用花多大的力氣就可以飛到邊緣。」

春花媽：「那還有什麼地方你覺得不一樣嗎？」

圖鄂：「雲、雲的顏色也變得複雜，如果你能問雲，他應該也覺得不舒服。」

春花媽抬頭看了看雲，點了點頭。

「這可能跟人類有點關係……你最後一次見到人類是什麼時候呢？」

圖鄂：「現在啊，我正在跟你講話。」

春花媽：「那除了我之外呢？你還有看過人類嗎？」

圖鄂：「森林的邊緣都是，你們不是少見的動物。」

春花媽：「這倒是，人類一點都不少見。」

圖鄂：「你們是存在感很強、不會隱身卻不會死的動物。」

春花媽：「我們的存在感確實太過強烈了。」

圖鄂：「我們多少都有點羨慕你，但是沒有動物想要成為你們。」

春花媽：「羨慕我們？羨慕我們不會死嗎？」

圖鄂：「誰都會死啊。」他用理所當然的口氣回應。

春花媽：「那羨慕人類什麼呢？」

圖鄂：「我不羨慕，我只是說有動物會羨慕。」

春花媽：「不羨慕的話，那你對人類是什麼感覺呢？」

圖鄂：「沒有感覺，但是我不喜歡比我猖狂的生物。」

春花媽：「那你討厭我嗎？」

圖鄂：「跟你講話之前，我沒想過要喜歡你，跟你講話後，我不討厭你。」

春花媽：「為什麼？」

圖鄂：「我發現你也只是一種我不了解的食物，也許我吃了你，會快樂！」

春花媽：「我是可以計畫一下，以後要怎麼給你吃，但是應該不容易！」

圖鄂：「我不想追殺你！」

春花媽：「蛤？因為我太慢嗎？」

圖鄂：「你是第一個跟我講話的食物，你是快樂的，我也可以快樂！」他認真無比的說著。

有她的地方才是我的家

春花媽：「你有伴侶嗎？你們感情如何？」

圖鄂：「我已經失去她很久了。」語氣帶著一絲憂傷。

春花媽：「你很想你的另一半嗎？」

圖鄂：「想，但是她不在了，不在很久了，不是我想，她就會回來。」

春花媽：「你不想再找一位伴侶陪伴你嗎？」

圖鄂安靜了很久之後回答：「他陪伴我很久，現在我想先陪伴我自己就好。」

春花媽想了一會兒，試著靠近他一點，他沒有移動，春花媽便挨在圖鄂身邊沒再說話，只是安靜地靠著彼此。

📖 **野生動物小知識**　**不管他如何凶猛，也阻擋不了家園的消失**

　　食猿鵰之所以有此名，只因為一開始人們以為他只吃猴子。後來證明，他們不只吃猴子，在其領空之下，多數中小型動物都是他的盤中佳餚。憑藉著又寬又大的翅膀，他們擁有極快的飛翔速度，加上視覺絕佳，能迅速捕獲瞄準的獵物。比較特別的是，如果在網路上搜尋「食猿鵰」三個字，可能還會另外出現非洲冠鷹和南美角鵰，兩者皆因龐大的體型而有獵捕猴子的紀錄。1978 年，菲律賓總統公告將食猿鵰更名為菲律賓鵰，並於 1995 年宣布為菲律賓國鳥。

位居頂端的癡情王者

　　如此位於森林食物鏈頂端的動物，連居住的地方也喜歡「頂端」。平時他們棲息在中低海拔高大的龍腦香科雨林當中，覓食時會到山坡地或河岸濕地尋找獵物。他們慣用樹棍、細枝築巢，喜歡在高於四周的樹冠層打造愛巢，離地高度超過 30 公尺，充分展現他們居高臨下的王者風範。狩獵時會站在樹冠附近的樹枝上觀察獵物活動，或從樹冠層緩慢往下飛行尋找獵物。而霸氣的王者卻從不擁有三妻四妾，在食猿鵰的世界當中，一生只有一個伴侶，除非伴侶死亡，否則他們不另覓配偶，癡情無比。

體長為世界老鷹之冠

　　他們是目前世界上體型最大、最稀少的鷹類之一，體型之巨大被拿來與南美角鵰做比較，然而經實際測量，雌食猿鵰從嘴喙端點到尾巴的長度足足有105 公分，甚至大於角鵰體長的最大值（注：猛禽通常是母鳥體型大於公鳥）。

因此在比較體長時，食猿鵰的體型便是世界老鷹之冠。他們的幼鳥長得跟成鳥差不多，只是在後背和上翼的羽毛邊緣點綴有更多的白色，待成年之後便會慢慢褪去，成為褐色的羽毛。

然而不管他們體型有多大、有多威猛，終究難逃瀕危的命運。由於菲律賓屬於海島型國家，島上往前走就是大海，往後走就是高山，人們無法走進大海內蓋高樓，便只好往山上開墾。深山老林一點一點的消失，就算擁有「最高貴飛翔者」美譽的食猿鵰，也難逃族群量下降的命運。雪上加霜的是，他們2年只會育雛1隻幼鳥，而且得花5到7年才能到達性成熟的年紀，這樣緩慢的繁殖速率，更讓食猿鵰的族群數量難以脫離瀕危風險。

菲律賓政府為了保護國鳥，在呂宋島北部與民答那峨島都有成立保護區，並在呂宋島各地進行教育、推廣與研究方案。甚至在2019年特地送了一對食猿鵰到新加坡的「裕廊飛禽公園」作為「保育大使」進行域外保育，盼望能夠結合異國環境與風土，找出復育他們的一線生機。

體長一公尺，鵰界巨巨登場！

人稱「鵰中之虎」就是我！

食猿鵰是目前可知體長最長的老鷹，母鷹平均有 105 公分！

瀕危中的菲律賓國鳥

呃……我的家呢…？

人類的濫墾濫伐，使他們失去棲地，成為他們瀕危的主因。

紅褐色蜂鳥

🎙 受訪動物 ── 姓名：阿虎／性別：女／年齡：中年

你不該這樣對我們

有的人類會抓走你們…

你家不是我家！

你的生活中有很多敵人嗎？

大家都是互相
搶東西吃的。

最近有遇到
可怕的事情嗎？

就是跟你講話！

📁 **動物小檔案**　　紅褐色蜂鳥　　　　　　　**瀕危指數：近危（NT）**

別名： 棕煌蜂鳥

英文名： Rufous hummingbird　　**學名：** *Selasphorus rufus*

分布區域： 夏天在美國西北部、加拿大西部及阿拉斯加，冬天在美國南部及墨西哥。

主食： 花蜜、小型昆蟲、蜘蛛。

體型： 體長 7 至 9 公分。

世界很大，食物卻不夠多

一開始，阿虎對春花媽一直保持警戒狀態，直到春花媽被旁邊另一隻蟲兒吸引，一個不穩，踉蹌的往下掉，阿虎才開口了。

阿虎：「你應該很容易死掉，沒有動物在這邊這麼不專心地活著的。」

春花媽：「欸……我……」

「我知道，你常來跟我們講話，有時候有些動物不想講話，是不想被發現，因為被發現就可能會被吃掉。」沒等春花媽把話說完，阿虎便繼續說著。

春花媽：「那我這樣會害到你嗎？」

阿虎：「不管你會不會害到我們，我們想活下去，不可能像你這麼放鬆，大家都要努力才能活著。」

春花媽：「你的生活中有很多敵人嗎？」

阿虎：「就算不是敵人，大家也是互相搶東西吃的。這世界就這麼大，食物卻沒有這麼多，就算不是敵人也不會是朋友。」

春花媽：「那你覺得比你大的鳥，看到的世界會不一樣嗎？」

阿虎：「你覺得大的鳥就不會害怕嗎？」

春花媽：「害怕？」

阿虎：「大的鳥一樣會害怕、一樣要吃東西，他們吃我、我吃花，我們的世界沒有因為大小而不同啊！你看見大鳥也看得見我，難不成會覺得有差？」

春花媽：「我以為大小是一種你們會覺得不同的事情，所以我才這樣問的。」

阿虎：「不會吃我的，可以站在一起，會吃的不相見，這是唯一的區別。」阿虎給出了她的回應。

春花媽：「最近生活中有遇到什麼很可怕的事情嗎？」

阿虎：「跟你講話。」

春花媽：「你很討厭人類這種大東西嗎？」

阿虎：「我看到人類把我們同伴抓起來，還聽得到他的聲音，但是我看不到他。」

春花媽：「那不是我！」

阿虎：「不管是不是你，你家不是我家，你不應該這樣對我們！」空氣瞬間冷冽。

阿虎接著說：「我以前不生你的氣，以前我們住的地方有你們，很多你們。其中有一個你還會把花分給我們，那時候我們可以飛在你旁邊。」

春花媽靜靜聽著阿虎描述以前的美好。

阿虎：「後來那邊的人長不一樣了，一看到我們就趕我們走，發現我們不走就噴臭空氣，後來還抓走我們。如果你們喜歡過我們，為什麼後來要傷害我們？」

📖 野生動物小知識　在花叢間嗡嗡嗡的，不一定是小蜜蜂

許多人都清楚蜂鳥很小，但由於不太常見，不太知道到底他們「有多小」。

在這邊舉幾個例子給大家聽，蜂鳥的平均身長約莫在 7 公分左右，7 公分相當於麻雀的一半身高，相當於 4 隻蜜蜂高，相當於 2.5 個 10 元硬幣，剛剛好等於一張新台幣 100 元鈔票的高度。去看看手中的鈔票，現在知道蜂鳥有多小了吧，他們的蛋甚至只有 1.3 公分長呀。

靠高速振翅維持空中定點

小小的他們整天振著翅膀在花叢間飛舞，高速震動的翅膀每秒平均可振翅達 80 次。這樣高速的振翅可不簡單，只要向前振翅，就足以讓蜂鳥停在半空中保持在「定點」狀態，讓他們可以不用降落在脆弱的花梗上也能吸取花蜜。再加上特殊的關節，蜂鳥翅膀得以往任一方向振翅，這讓他們得以往四面八方移動，就連「向後飛」也難不倒他們。

而以花蜜為主食的蜂鳥，因為體型太小，體內無法儲存太多脂肪，因此在花叢間長時間來回嗡嗡飛舞攝食（他們飛行時真的有嗡嗡聲喔）成為他們的日常，也無怪乎為何被稱做「蜂鳥」了。但也因所需能量和代謝率實在太高，在食物來源缺乏的夜晚或冬天，蜂鳥會進入特殊的「蟄伏狀態」，近似於冬眠，可降低心搏和代謝率，大幅減少對食物的需求，與大自然一起「共體時艱」。

另外，蜂鳥體積小還有別的缺點。他們除了需要長時間覓食，甚至可能成為昆蟲的盤中飧。多數人常聽到「早起的鳥兒有蟲吃」，卻很少想到早起的蜂鳥也有可能被蟲吃。

科普
小辭典

蟄伏

是生物降低生理活動機能的狀態，以降低體溫、減少活動代謝來節省能量的方式，以應對食物匱乏的時期。蟄伏期可長可短，蜂鳥這類小型動物就是每天夜晚進行蟄伏；季節性動物的冬眠、夏眠也屬於廣義的蟄伏。

長程遷徙的棲地危機

　　紅褐色蜂鳥居住在北美洲一帶，春天時節經常出現在美國西部沿海一帶，到了夏天，則會往北飛至加拿大西側、甚至到阿拉斯加繁殖下一代。時序入秋時，又會沿著洛磯山脈往南飛，每一年都會在北美洲西部進行一次次順時針的巡迴。如果食物充足，他們甚至可以完成從阿拉斯加南部遷徙到墨西哥南部的旅程，單程長達 6300 公里，這對一隻 7 公分左右的鳥兒來說，是多麼不容易的事呀！

　　如此小巧可愛的蜂鳥，也陷入了滅絕的危機，主因是棲地逐漸地消失。在這長期跋涉的遷徙途中，只要哪一個地區的棲地發生了變異，小小蜂鳥就很難完成整趟旅程，導致生態出現危機。同時，在靠近人類栽培的各式園藝植物後，也有可能間接攝取到農藥甚至毒藥，嬌小的身軀當然無法承受。因此如果有幸看見小蜂鳥，記得要保持友善距離喔！

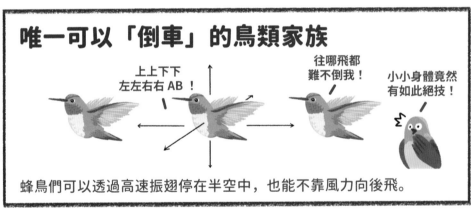

唯一可以「倒車」的鳥類家族

上上下下
左左右右 AB ！

往哪飛都
難不倒我！

小小身體竟然
有如此絕技！

蜂鳥們可以透過高速振翅停在半空中，也能不靠風力向後飛。

天生麗質吃不胖

因為身體難以儲存熱量，蜂鳥一天要吃進跟體重一樣重的花蜜。

琉球狐蝠（台灣亞種）

🎙 受訪動物 —— 姓名：媽媽叫我阿福／性別：為什麼要跟你講／年齡：青少年

請你們不要喜歡我

我們真的很喜歡你！

不要。

這裡的食物還充足嗎？

幹嘛？你要來搶啊？

想對人類說什麼？

掰掰，不要來！

📁 **動物小檔案** 　　琉球狐蝠（台灣亞種）　　　　　　　瀕危指數：易危（VU）

別名：台灣狐蝠、台灣大蝙蝠

英文名：Formosan flying fox 、Formosan fruit bat

學名：*Pteropus dasymallus formosus*

分布區域：目前台灣亞種主要以龜山島棲息的族群為主，綠島的族群目前數量不超過 20 隻，而花蓮市區則有少數的穩定族群，全台總數約有 200 隻左右。

主食：果實。

體型：體長約 20 公分，翼展可達 1 公尺，重約 600～800 公克。

問完快點走啊你！

春花媽：「你會覺得同伴變得很少嗎？」

阿福：「當然很少啊，我們現在都是跟認識的蝙蝠住在一起。」

春花媽：「那你有不認識的蝙蝠嗎？」

阿福：「沒有不認識的！這裡沒有其他更多同族了，這樣很可怕，你懂嗎？」

春花媽：「我懂，這樣你們可能會越來越少……你們已經很少了。那這裡東西還夠吃嗎？」

阿福：「大家喜歡吃的不一樣，有一些變少了。幹嘛？你要來搶啊？」他的口氣突然多了一絲警戒。

春花媽趕緊解釋：「沒有沒有，我不住這裡，我不會吃你們的東西啦！」

阿福：「哼！你這麼大隻，吃很多，一定很快就把食物都吃完，你快點走！」

春花媽沒有翅膀，只好慢慢走遠，等下次他想聊天再來。

請不要喜歡我們

春花媽：「飛翔給你什麼感覺？」

阿福：「就飛啊，我天天飛。」

春花媽：「好羨慕～跟你說喔，蝙蝠在我們這邊還象徵福氣喔，有些人很喜歡看到你們！」

阿福：「但我不喜歡看到你們，你們會來嚇我們，還一直不走。」他反嗆道。

春花媽：「啊啊……真的對不起。」

阿福：「你看到我們覺得很幸運，但我們看到你很衰。」

春花媽：「真的很抱歉，但我們真的很喜歡你。」

阿福：「不要。」他簡短無比的回應。

你也是滿可憐的

春花媽：「我跟你不一樣，我的眼睛不好，晚上什麼都看不見。」

阿福：「那你很容易死掉。」

春花媽：「蛤？」

阿福反問：「那你家還有誰？你有小孩嗎？」

春花媽：「我家沒有跟我長一樣的小孩，只有我一個人。」

阿福：「那你完蛋了，你就要死掉了。」他斬釘截鐵的重複說道。

春花媽：「欸……對啦，我總有一天會死，但我希望你們的家族很龐大，可以繼續在這邊好好生活。」

阿福：「你好可憐，你要死了，那你看我久一點好了。」

春花媽：「啊？什麼意思？」

阿福：「因為你剛說，我們是你們的福氣啊，那就讓你看久一點吧！」他這麼說著，還特地轉了個身，讓春花媽看個夠。

春花媽：「謝謝你～那最後，你有什麼話想對人類說嗎？」

阿福：「掰掰，不要來！然後你啊，你就好好活著再死掉，我已經給你福氣了！」
春花媽就在邊苦笑邊道謝中結束了這次訪問。

📖 野生動物小知識　石虎剩下 500 隻，台灣狐蝠還少一個零！

🧑：「蝙蝠！他會不會吸我的血？」

👩：「別怕，台灣狐蝠專吃水果，是素食主義者！」

🧑：「蝙蝠耶，我知道！他會發射超音波！」

👩：「呃，台灣狐蝠不會發送超音波，他們依靠視覺跟嗅覺喔！」

🧑：「他們是不是都住在山洞裡面呀？」

👩：「欸……其實多半都住在樹上啦，是『樹棲型蝙蝠』。」

🧑：「他們的眼睛一定很小。」

👩：「台灣狐蝠的眼睛又圓又大，有、夠、萌！」

種子和花粉的傳播者

沒錯，台灣狐蝠跟你想的不一樣，他們是目前台灣體型最大的蝙蝠物種，喜歡吃桑科榕屬植物的果實，平常在日出前及日落後出現，白天多半靜靜倒掛在闊葉林的樹枝上。他們一年只生 1 胎，1 胎只生 1 隻。除翅膀外，身體多半毛茸茸的，相當可愛。

狐蝠最喜歡吃成熟的果實，而且只吃軟爛的果肉部分，不好咬的纖維會吐出，種子則會隨著糞便一起排出。這項行為看似沒什麼，卻是熱帶與亞熱帶地區森林中植物種子的重要傳播者，許多森林的拓展都與狐蝠有關，是生態系中不可或缺的一員。東南亞栽植的榴槤，很多也得仰賴狐蝠的幫忙，透過狐蝠在不同植株間造訪夜裡才盛開的榴槤花，因而成功授粉。

亟需保育的福氣象徵

　　受到西方文化影響，許多年輕人覺得蝙蝠跟吸血鬼、邪惡有關。然而，在總數超過 1200 餘種的蝙蝠當中，只有 3 種吸血蝙蝠，他們不但都住在南美洲，而且只有 1 種慣吸哺乳動物的血液，尤其是豬血，人血反而比較不愛呢。而在東方文化中，蝙蝠一直都是祥瑞之物，不只皇帝龍袍上有蝙蝠刺繡，古蹟、廟宇更常見蝙蝠畫像與雕刻，象徵「幸福」、「福氣」。一雙眼睛圓滾滾、有著像狗或是狐狸般的鼻子、頸肩部常圍著金黃色圍巾的台灣狐蝠，更是受到喜愛。

　　早期綠島的原始闊葉林是他們最主要的棲地，數量可能超過 2000 隻。但在 1970 年前後，台灣掀起一陣飼養狐蝠的風潮，造成民間大量獵捕，甚至還有人相當愛吃！另外，因為狐蝠跟人類的棲地重疊，而十多年來政府將狐蝠的食用植物砍除，改種植狐蝠不能吃的樹木，亦嚴重危害其生存，目前全台僅存不到 50 隻。所幸 2018 年組成「台灣狐蝠保育策略擬定與推動小組」，致力於研究保育狐蝠，也希望大眾能小心呵護這群對台灣生態非常重要的小可愛。

雙翼展開可達 1 公尺寬。

不使用聲納的台灣狐蝠，長得跟小型食蟲蝙蝠不太一樣喔。

雪鴞

世界對人類太溫柔

你覺得自己聰明嗎？

只有你們是最笨的。

你跟老婆感情好嗎？

她只看我一個！

想對人類說什麼？

別再假裝什麼都不知道

📁 **動物小檔案** 雪鴞　　　　　　　　　　**瀕危指數：易危（VU）**

別名：白鴞、雪貓頭鷹、白夜貓子

英文名：Snowy owl　**學名**：*Bubo scandiacus*

分布區域：北極苔原區。

主食：取食多樣，以極地常見的小型哺乳動物為食，主要是旅鼠和田鼠，也會掠食幼年岩雷鳥和其他鳥類。

體型：體長 50 至 71 公分，翼展為 142 至 166 公分。

我看你就一臉笨樣

春花媽：「你有見過人類嗎？」

喔達斯：「有啊。」

春花媽：「人類都說你是很聰明的生物耶！你覺得自己聰明嗎？」

喔達斯：「只有你們是最笨的，沒有動物想跟人比。」

春花媽感到不解，問：「那你覺得我們是笨還是聰明呢？」

喔達斯：「……你會問這個問題，就知道你不聰明啊！」

春花媽：「欸？為什麼？」

喔達斯：「我想跟你長得一樣的，應該都差不多笨吧。」

他得出了自己的結論。

我老婆就愛我一個

春花媽：「你有老婆嗎？」

喔達斯：「當然有啊！」

春花媽：「那你跟你老婆感情好嗎？」

喔達斯：「我老婆沒有我白，所以很多雪鴞都喜歡她，但是我老婆就喜歡我很白，所以大家都在看她的時候，她只看我！」

「好喔……」春花媽覺得自己的眼睛要被閃瞎了。

春花媽：「那你覺得自己快樂嗎？」

喔達斯：「我老婆快樂我就快樂啊，你不是嗎？」

春花媽：「我沒有老婆。」

喔達斯：「那你去找一個只會看你的老婆，你就會很快樂。」

聞言，春花媽放聲大笑。

別假裝什麼都不知道

春花媽：「最近捕獵食物有遇到什麼好玩的事情嗎？」

喔達斯：「好玩的事情就是，鳥越來越好抓了，根本不用花太多時間。」

春花媽：「那這樣聽起來很棒。」

喔達斯：「但是不好玩的是，很多鳥打開肚子的時候，味道都很奇怪。」

春花媽：「味道很奇怪？」

喔達斯：「那些鳥都只有蟲會吃，沒有其他動物會吃。」

春花媽：「是喔……那你打獵的時候心裡都在想什麼呀？」

喔達斯：「我要吃掉你。」

春花媽：「……也是啦！那你覺得最近環境有什麼變化？你喜歡嗎？」

喔達斯：「不喜歡啊，因為單身的雪鴞變多了，漂亮的女生變少了。」

春花媽：「漂亮的女生變少了？」

喔達斯：「對啊，女生變得很白，很多都更害羞了，或是不能好好飛，我們都不知道為什麼……」

春花媽：「那你們喜歡怎麼樣的女生？」

喔達斯：「我們喜歡大的老婆，但是這些小女孩不知道怎麼了？我們覺得是因為吃的東西讓她們壞掉了，越害羞的越不愛吃，根本不知道為什麼。」

春花媽：「感覺跟人類有關係……你有什麼話想對人類說嗎？」

喔達斯：「不知道要問什麼的時候，不要講話，安安靜靜也很好。世界對人類特別溫柔，你們接受了那麼久的溫柔，也應該對動物好了，不要再假裝什麼都不知道，這樣真的太笨了！」

📖 野生動物小知識　雪地裡的嘿美，麻瓜絕對不能碰

很多人不知道雪鴞是什麼動物，但是一提到哈利波特的「嘿美」，馬上就露出了明瞭的笑容。

視力絕佳的狩獵高手

渾身雪白的雪鴞，生長在北極苔原區，出生的時候裹著白色絨毛，1週後變身為一坨黑壓壓沾著糖霜的毛球。隨著年紀增長，2個月左右，他們會逐漸蛻變為白色底色、雜有黑斑的模樣。雄性雪鴞在足歲後，身上的黑點會逐漸褪去，2到3歲達到性成熟，成為我們心中所想的雪色貓頭鷹。雌鳥在腹部、翅膀上會有許多黑褐斑點連成的條紋，斑紋並不會隨年齡增長而消失，因此非常容易辨認雪鴞夫妻的性別。哈利波特的作者羅琳女士曾表示，她因不清楚而錯寫了嘿美的特徵性別，全身雪白的嘿美不應該是女孩子。

貓頭鷹的眼球不能轉動，取而代之的是能夠轉動 270 度的頸部，幫助他們拓展狩獵圈。而視力極佳的雪鴞，可以看到遠處的極小物體，捕捉獵物時快狠準，是一等一的狩獵高手。

食物來源充足的話，冬天是雪鴞們繁殖的季節，通常為終生一夫一妻制（當食物極度充足時也可能出現一夫多妻的情況）。雄性為了博得雌性的青睞，會使盡渾身解數表演求偶舞蹈，也會抓取獵物餵食雌鳥，只為贏得佳人芳心。育雛期的雪鴞會一反平時的害羞和安靜個性，只要鳥巢方圓 1 公里內出現其他威脅，都可能被雪鴞先生用聲音或爪子驅離。

野生猛禽請勿馴養

野外成年雪鴞的族群量估計介於 7000 至 14000 對之間，他們面臨的主要威脅為氣候變遷與人類活動（例如：觸電、撞擊交通工具，以及漁具纏繞）。長相討喜的他們，常常因為瞇起來的眼睛而被人類認為是笑面鳥，許多人也因此想要豢養雪鴞，但是貓頭鷹並非適合圈養的動物。作為狩獵型態的猛禽，雪鴞一年可吃下多達 1600 隻旅鼠，一般人根本無法滿足其所需。再者，他們很難被馴服，也具強烈的地盤意識和攻擊性，繁殖季節更會不斷鳴叫。因此，「嘿美」只能在電影中搶盡巫師的風采，我們一般麻瓜千萬不要嘗試飼養。

我並不是夜貓子

這跟說好的不一樣啊!!!

與其他貓頭鷹不同，雪鴞是日行性貓頭鷹喔！

白，是因為哥成熟

好帥！

是成熟男人的味道！

雄性雪鴞身上的斑點會隨著年齡增長而漸漸褪去，趨近全白。

黑面琵鷺

🎤 受訪動物 —— 姓名：妮旦旦／性別：女／年齡：青少年

我們一直在追暖暖

天冷了會飛去哪呢？

回到暖暖的地方。

有害怕的東西嗎？

不要說
就不會怕啊。

想對人類說點什麼？

太小的不能帶走。

📁 **動物小檔案**　**黑面琵鷺**　　　　　　　**瀕危指數：瀕危（EN）**

別名：黑面撓抔、黑面仔、飯匙鳥、琵琶嘴鷺、黑臉琵鷺

英文名：Black-faced spoonbill

學名：*Platalea minor*

分布區域：東亞地區。

主食：小魚、甲殼類、兩生類和昆蟲的幼蟲等。

體型：身長約 60 至 78 公分，為琵鷺屬中體型最小者。

想著暖暖就能好好飛

春花媽：「可以形容一下你出生的地方嗎？待在那裡的感覺如何？」

妮旦旦將身體壓得低低地說：「小時候我羽毛很少，常常覺得很冷，媽媽說會帶我們去不冷的地方。有時候爸爸會幫我們擋風，擋到自己都歪掉了，我們也都跟著壓低低。」

春花媽：「聽說你們冬天會飛到另一個地方過冬，每年都會到同個地方嗎？」

妮旦旦：「媽媽說就是回到暖暖的地方。我們一直都在追暖暖啊，暖暖的時候很舒服你知道嗎？」

春花媽：「所以你喜歡那個地方囉？」

妮旦旦：「對呀，在暖暖的時候吃很多會長得更大、更有力氣，我們就可以變得更強壯。這樣我以後就可以像媽媽一樣，也照顧好新的我。」

春花媽好奇地問：「不過聽說你們每次都要飛兩、三個禮拜，會不會很累？」

妮旦旦張開翅膀說：「如果我變得跟媽媽一樣好、一樣強壯，裡面也會覺得溫暖，就更能在怕冷的時候，想著暖暖的地方，用力地、好好地飛唷！」

喜歡跟喜歡的他理羽

說起家人，妮旦旦的表情很是放鬆。春花媽想了想她的年紀，還是決定問她：「那你有另一半嗎？有的話，你們有生小孩嗎？」

妮旦旦有點害羞地回：「我還沒生小孩啦！」

春花媽忍不住再追問：「那你有喜歡的對象了嗎？」

妮旦旦：「哎唷，沒有啦！」

像是被問到什麼祕密一樣，妮旦旦有些害羞又有些開心。

春花媽：「我也有喜歡的對象，所以你跟我講沒關係啦！」

妮旦旦：「我喜歡的，就還不知道喜不喜歡我，但是我喜歡跟他一起整理羽毛。」

春花媽：「你們怎麼一起整理羽毛的？」

妮旦旦用翅膀比劃著：「他有時候會轉頭幫我壓一下，發出一點聲音，很可愛的聲音。有時候我會假裝沒聽到，他就會壓久一點，我就會等他沒聲音的時候，幫他壓一下他的羽毛，有時候玩到我們兩個都很餓，呵呵！」

像是想起那個畫面，妮旦旦臉上有著藏不住的開心，春花媽頓時覺得好可愛。

春花媽：「你覺得自己整理跟別人幫你整理，哪個比較舒服？」

妮旦旦：「當然是被別的鳥理比較舒服啊，都可以弄到比較裡面、比較大片，而且可以把癢癢的小力地用掉，不然有時候我用自己的腳弄，皮膚會有點痛。」

她伸出自己的腳問春花媽：「你要被我抓抓看嗎？」

春花媽看著她的腳爪，好像會有點痛。

春花媽想問問看能不能換個方式：「我可以讓你的嘴整理看看嗎？」

妮旦旦：「不可以啊，我又不喜歡你。」

春花媽：「所以你喜歡剛剛那個幫你理羽的男生啊？」

妮旦旦害羞地「哎唷！」了一聲，春花媽被妮旦旦逗笑，便換了一個話題。

春花媽：「你們有一陣子會長出黃色的羽毛，你覺得漂亮嗎？你覺得哪種樣子比較漂亮？」

妮旦旦：「當然是黃色好看！我喜歡我有很多黃色，但現在就是還沒有變黃，我擔心大家會沒看到我，不過媽媽一直說不要急，可是就是好想快點變黃啊！」

📖 野生動物小知識　每年訪台的國際明星鳥

　　台灣因為地理上的位置與多樣性，是一年四季都有不同候鳥來造訪的鳥類宜棲地。其中最有名的，應該就是黑面琵鷺了。黑面琵鷺屬於䴉科琵鷺亞科，是全世界琵鷺屬現存 6 個物種中，體型最小且唯一處於瀕危的物種。由於嘴巴形狀類似「琵琶」而得名，也因形色都像飯匙，有的人也叫他們「飯匙鳥」。每年秋冬到隔年的春天，都會有不少人聚集在南台灣的七股曾文溪口，想一睹這些明星的風采。

黃色飾羽意義大

　　這些年年拜訪台灣的貴客，主要是為了在長途旅程中稍作休息和覓食，或者也可以說遊蕩，就像是來觀光一樣。黑面琵鷺一般會在傍晚到清晨之間覓食，然而，越接近返回北方的時間，在白天出現的覓食和互動行為，也會越頻繁。隨著天氣逐漸變暖，他們的頭部會長出黃色飾羽，頸圈也會變成黃色，向世界宣告正式進入繁殖季。此時，他們也即將啟程返回主要的繁殖地：南北韓交界或是中國東北的無人島。

　　一夫一妻制的黑面琵鷺在配對成功後，會在峭壁上共同築巢、交配產卵。雌性和雄性會輪流孵蛋。這些蛋大約在 26 至 30 天時會孵化，幼鳥出生後約 35 天即可離巢，不過通常會和親鳥留在繁殖區約 30 天才開始獨立生活。亞成

鳥階段時，他們的喙部色彩較淺，虹膜顏色也偏黑。黑面琵鷺能夠單獨狩獵活動，不過就像人類一樣，其實是屬於群居性動物，常常可以見到整群一起行動。

全球族群過半在台度冬

至於為什麼選擇台南的七股？有學者解釋，因為台南魚塭大多是淺水型或一年型，養殖物種則以虱目魚和文蛤為主，在冬季時通常是休養的狀態，剛剛好是黑面琵鷺能飽餐一頓的好時機。溫暖少雨以及鄰近魚塭所提供的豐富食物來源，是台南能成為他們主要度冬棲息地的原因，也因此成為全球鳥類保育人士矚目的焦點。台灣也在 2009 年設立台江國家公園，將重要的濕地納入保護。

黑面琵鷺是遷徙於各地的候鳥，保育有賴跨國合作，這些四處飛翔的旅客才能順利往返每個棲息地。而 2021 年「黑面琵鷺全球同步普查」報告，該年全球黑面琵鷺度冬族群數共 5222 隻，創下歷年來最高紀錄，其中在台灣發現的數量最多，占了總體 6 成。這些珍貴稀少的嬌客，有超過一半選擇來到台灣作客，期盼我們做好環境保育，做個讓他們每年都能安心來造訪的好主人。

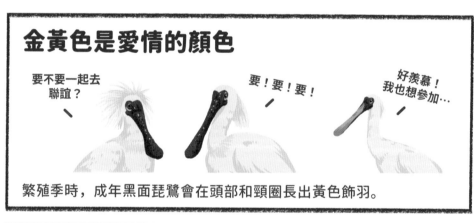

繁殖季時，成年黑面琵鷺會在頭部和頸圈長出黃色飾羽。

他們在覓食時嘴喙會左右快速擺動，就像雷達在搜尋魚蝦。

棕頸犀鳥

🎙 受訪動物 —— 姓名：泥／性別：男／年齡：壯年

孤獨讓你成為自己

你有伴侶了嗎？

跟你有什麼關係！

你有替老婆送過食物嗎？

幫我生小孩的
我當然要顧。

孤獨哪裡好？

可以不是因為
危險而叫。

📁 **動物小檔案**　棕頸犀鳥　　　　　　　　　　瀕危指數：易危（VU）

別名：棕頸無盔犀鳥、吼鳥　**英文名**：Rufous-necked hornbill　**學名**：
Aceros nipalensis　**分布區域**：廣泛分布於不丹、印度、緬甸、泰國、越南、寮
國、柬埔寨及中國的雲南西雙版納地區及西藏東南部。主要棲息於熱帶雨林地
區海拔 2500 公尺以下的常綠林或落葉林當中。　**主食**：以肉質野果（如榕樹果、
漿果、無花果）為主食，部分族群也會取食昆蟲、螃蟹及小型脊椎動物。
體型：成鳥體長約 120 公分。

跟你有什麼關係？

春花媽：「聽說你們長得越大，嘴巴上的黑色線條會變多。你覺得自己的斑紋多比較好看，還是小（少）的時候好看呢？」

泥：「你看我的時候都在看什麼？我長怎樣跟你又有關？多跟少很重要嗎？」

春花媽：「大哥，是你先說你要跟我講話，我才問你的。你是什麼個性、喜歡什麼，我都不清楚，又怕問得不好讓你覺得不舒服，所以先問你外貌啊～」

泥：「那你問我自己看不到的地方，我能回你什麼？你看得到自己的嘴嗎？」

春花媽被泥的氣勢碾壓到啞口無言。

我們都是擅長照顧自己的鳥

春花媽：「我們現在有些人也會像鳥媽媽一樣，要關在房間裡很長一段時間（COVID-19），也會有人送東西去給他們吃。你有替老婆送過食物嗎？會不會很困難？」

泥：「幫我生小孩的我當然要顧。不是幫我生小孩的，他自己會顧自己，我們都是擅長照顧自己的鳥。誰需在那邊送來送去？你們要送，就是不想要孤獨。你們不懂孤獨的好，才會想要打破孤獨。」

春花媽：「你一直說孤獨好。那請你說說哪裡好？為什麼不能不孤獨？」

泥先是數落一番：「你就是沒聽懂，才會問這種笨話。為了誕生更多孤獨的孩子，我不是有照顧母鳥嗎？她有照顧我的小孩啊！笨死了你。」

接著又向春花媽好好說明：「孤獨有多好？孤獨讓你成為自己，又可以清楚看到自己在風景裡；可以在雲動的時候，省力飛又不熱；可以在雲厚的時候，預先躲到夠濃密的樹葉下或是樹洞裡，繼續一個鳥的生活。你知道一個鳥生活有多珍貴嗎？可以聽著自己的聲音，在想出現的時候，把聲音獻給這世界，而不是因為危險而大叫。」

泥反問春花媽：「你知道孤獨的擁有自己有多好嗎？」

春花媽虛心回答：「孤獨很好，只是你的孤獨更好。」

「我就知道你在不懂裝懂。」泥再度給了春花媽一擊必殺。

別的（存有）生活都很吵

春花媽：「你會讓你的口袋（鳥喙下方的喉部皮囊）像松鼠一樣，經常有食物

在裡面嗎？」

泥：「要一個鳥生活，學會照顧好自己是當然的。餓會常常發生，但是食物不會總是有。不這樣準備起來，我是要等你剛才說的送餐嗎？那我的孤獨不是又要被打擾了。」

春花媽：「聽說你們通常獨自行動，但是偶而會群聚在一起吃果果，你會覺得其他鳥很吵嗎？還是你也會和他們聊天？都聊些什麼呢？」

泥：「別的（存有）生活都很吵。像你，很簡單的事情，你也都問得很複雜。就是吵。」

心上插滿箭，春花媽的內心快崩塌了。

春花媽緊張的問：「如果有想要和人類說的話，請分享給我們，謝謝你。」

泥：「不能享受孤獨，就要去搶奪不屬於自己的東西，你們早晚被吵死。」說完，他頭也不回的飛走了。

📖 **野生動物小知識**　　**隔離如四季輪常，為愛送餐那是應該**

因為新冠疫情，「隔離」、「必須關在家」對許多人來說，比餓肚子還要難受。然而，有一類鳥，卻是每逢孵蛋育雛，都會夫妻同心，把妻小用厚厚的牆壁「封」在樹洞裡，他們就是「犀鳥」！

自我隔離才能育兒

犀鳥的喉部，有個能用來儲藏食物的皮囊。其嘴喙中段，具有像是鋸齒的結構，讓舌頭非常短（與嘴喙長度相比）的他們，可以用這個鋸齒結構來碾碎食物，並將銜在喙尖的食物往上拋進嘴裡儲藏或吞食。說起犀鳥的「隔離」，他們不僅只是選個樹洞築巢而已，還會用泥巴、果肉和排泄物的混合物，將樹洞開口封上一層厚厚的泥牆，僅留下一個小孔洞傳遞食物。雌犀鳥在下蛋到育兒的整段期間，就這樣和鳥巢、幼鳥「自我隔離」在樹洞裡。這段期間，老公會搖身一變成為專屬的外送鳥，負起為妻小覓食的責任。鳥媽媽產下每窩 1 或 2 枚蛋，並且孵化、餵養雛鳥，並利用這段掠食者無法下手的時期，褪去自己的飛羽和尾羽。曾經有雄犀鳥在為伴侶「送餐」時，一趟就從喉部皮囊中取出 132 件食物！其中包含昆蟲、小蛇和果實等，不僅種類多元，看起來也兼顧了均衡的營養，相當驚人。

嘴喙帶斑是歲月象徵

　　棕頸犀鳥是「無盔犀鳥屬」的唯一成員,目前在 IUCN 國際瀕危物種紅皮書名錄上被列為易危等級。鳥如其名,雄鳥的頭及腹部以上,皆覆滿鮮豔、高彩度的黃棕色羽毛,體長可達約 120 公分。無論雌雄,嘴喙會隨年紀增長而逐漸從無長出多達 7 至 8 條皺摺組成的條碼——「帶斑」。而棕頸犀鳥臉上,都有著清晰可見的亮藍色及寶藍色皮膚,喉部則有一顆橘紅分明、用來儲放食物的皮囊垂掛著。他們常成對出沒,領域內通常有 4 至 5 對同時出現覓食,也有在同一棵樹上,一次見到 15 隻犀鳥一同覓食的紀錄,然而他們並非群居性鳥類。

　　棕頸犀鳥在分類上屬於「無盔犀鳥屬」(Aceros),也是該屬唯一的一種。但其實一開始包含棕頸犀鳥及一堆皺盔犀鳥都被歸在「無盔犀鳥屬」,後來根據遺傳證據顯示,才將這群犀鳥分為 3 種不同的屬別,最後僅有棕頸犀鳥維持「無盔犀鳥屬」的屬名。拉丁文的「Aceros」是「無盔」的意思,因此,明明就有盔的皺盔犀鳥就被分到另一屬去啦!

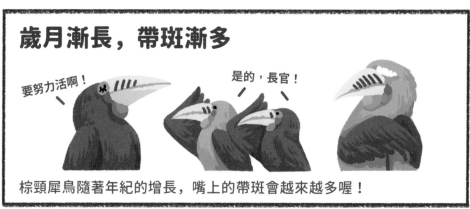

藍喉金剛鸚鵡

🎤 受訪動物 —— 姓名：皮特蒂／性別：女／年齡：接近中年

那是不快樂的美麗

最近環境如何？

空氣越來越黑了。

果子味道有變嗎？

不是變了，
是不見了。

很多人類
想抓你們。

沒有動物
可以擁有動物。

📁 **動物小檔案**　　藍喉金剛鸚鵡　　　　　　　　　　**瀕危指數：極危（CR）**

別名： 瓦格勒金剛鸚鵡

英文名： Blue-throated macaw

學名： *Ara glaucogularis*

分布區域： 玻利維亞中部。

主食： 蔬果、穀類、種子、核果等。

體型： 體長約 85 公分。

空氣越來越黑了

春花媽：「你覺得最近環境如何？」

皮特蒂：「環境？那是什麼意思？」

春花媽：「就是指你生活的地方。」

皮特蒂：「樹越來越少、空氣越來越黑，我們的樹洞也越來越熱。」

春花媽：「那你最近吃得飽嗎？」

皮特蒂：「還可以，鳥最近少了一點，沒有別的鳥來搶。」

春花媽：「搶果子嗎？你覺得最近果子的味道有變嗎？」

皮特蒂：「你是指哪一種果子？有一些果子不是變了，是不見了。」

春花媽：「找不到了嗎……」

皮特蒂：「已經不見的東西，我跟你講你也不懂吧？還在的那些果子繼續吃就好了啊。」她蠻不在乎的這樣說著。

沒有動物可以擁有動物

春花媽：「聽說你們的同伴變很少，你最近有看到同伴嗎？」

皮特蒂：「有啊，我們喜歡在一起啊。」

春花媽：「那你知道你有同伴不見了嗎？」

皮特蒂：「……你這句話是什麼意思？」

感覺到不友善的氛圍，春花媽慌忙解釋：「我知道你們非常美麗，但有人類會抓你們，所以你們本來就不多的同伴，有變得更少嗎？」

皮特蒂：「為什麼你們要抓我們？」

春花媽：「嗯嗯嗯，因為你們很美，羽毛的顏色又很特別，所以人類想要擁有你們！」

皮特蒂：「擁有我們？你們不會擁有我們的，沒有動物可以擁有別的動物啊！」

春花媽：「對對對！但我的意思是說，人類會想把你們抓起來，關在一個特定的地方，佔有你們！」

皮特蒂：「你們好奇怪！」

春花媽附和著：「對！人類很奇怪！」

皮特蒂：「不屬於你的，為什麼要這樣呢？」她發出了質疑，然而這一題春花媽卻難以回答。

我們希望真正的快樂

皮特蒂：「那你呢？你會想抓我嗎？」她突然這麼問……

春花媽：「不會！一點都不會！我會因為你們好好活著的身影而微笑、而開心，而覺得自由，你們本來就應該活在自己的家園裡。」

皮特蒂：「那其他人類為什麼不會這麼想呢？」

春花媽：「因為我們是不一樣的人吧……」

皮特蒂：「你們為什麼要這樣對待我們？要把我們抓起來？如果你想要羽毛，我給你幾根啊，為什麼要為了羽毛就把我們給帶走？樹會想我，我的家人會想我，我也會想念我的家園啊！」

「因為、因為、因為……」春花媽一時之間什麼也回答不出來。

皮特蒂：「那我的同類之中，也會有想給你們養的同類嗎？」

這個問題讓春花媽驚訝了，他們一起沉默了很久，接著春花媽傳了動物園中的同伴給皮特蒂看。

皮特蒂：「他們看起來沒有很快樂，而且腳都痛痛的。」

春花媽：「我也覺得不是那麼快樂。」

皮特蒂：「你說你喜歡我們的美麗，不快樂的美麗，不會美麗，他們的眼睛跟羽毛都跟我不一樣了。」

聽到這句話的瞬間，春花媽的眼淚已然滴下。

皮特蒂：「你替我們感到很痛嗎？」

春花媽一邊哭，一邊點了點頭。

皮特蒂繼續緩慢地說著：

「不快樂的鳥，會忘了痛嗎？如果會忘了痛，是不是也會忘了快樂呢？我希望不要忘記。我希望不要痛。我希望現在在哭的你，也不要痛。我希望所有的動物，都可以免於人類施加的痛苦。我希望動物的快樂，是真的快樂。我希望動物的快樂，都是真正的快樂。」

📖 野生動物小知識　他很美，但他並不屬於你

　　藍喉金剛鸚鵡是世界上少數的大型鸚鵡之一，臉上美麗的紋路彷彿京劇中的花臉，而身上亮麗的藍綠色搭配鮮豔的黃色更是他們的招牌色調，喉部的藍色羽毛讓他們有了「藍喉」之名。比起長相高度相近的物種「藍黃金剛鸚鵡」，

藍喉的個性稍微溫馴些，體型也較為嬌小，因此在巢穴的爭奪上常常落敗。

就愛住枯棕櫚樹洞

他們是玻利維亞中部的特有種，平常住在棕櫚樹叢中，喜歡在枯死的棕櫚樹洞中築巢，主食為蔬果、種子等。一般人認知的鸚鵡通常很愛說話，但是比起其他的大型鸚鵡，藍喉金剛鸚鵡可說是走氣質路線，較為安靜，不隨意尖叫。

然而，與生俱來的美麗與優雅，卻是他們近乎滅絕的原因之一。目前統計，生存於野外的藍喉金剛鸚鵡僅剩下 350 隻，其中一個原因就是人類的濫捕。在 2010 年以前，藍喉金剛鸚鵡曾經遭到人類大量捕捉，大型鸚鵡在國際間的非法偷捕、販售過於猖獗，導致他們的數量急遽下滑。雖然 2010 年後濫捕情形逐漸趨緩，然而人工開發的牧場與棲地的破壞，已經造成環境不可抹滅的傷害，加上過於狹隘的分布範圍和刁鑽的築巢地限制，使得藍喉金剛鸚鵡在野外近乎消失，數量回復相當緩慢，僅能在人工繁殖的籠舍中看見他們的芳蹤。人類禁錮的愛與對自然的破壞，正在扼殺藍喉金剛鸚鵡的未來。

他們住在草原上的棕櫚樹叢中，喜歡在枯死的樹洞內築巢。

人類曾經的貪婪濫捕，加劇了他們的滅亡速度。

CHAPTER 4

兩棲與昆蟲類野生動物

我是台灣體型最大的蟬，
身上還有美麗的青綠色斑紋。

答案見 P.213

我跟其他慢吞吞的同類不一樣，
可是逃生高手呢！

答案見 P.221

大家都說我的大顎
長得像關刀。

答案見 P.217

別看我長得小，
恐龍還要叫我一聲前輩呢！

答案見 P.201

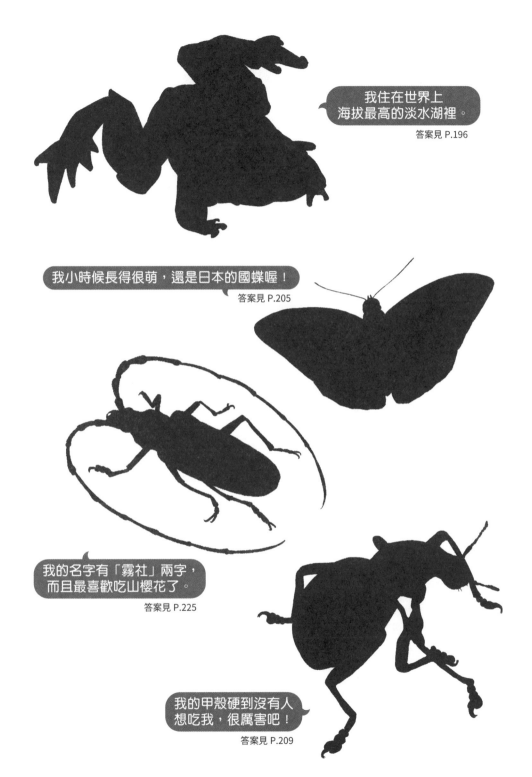

我住在世界上
海拔最高的淡水湖裡。

答案見 P.196

我小時候長得很萌，還是日本的國蝶喔！

答案見 P.205

我的名字有「霧社」兩字，
而且最喜歡吃山櫻花了。

答案見 P.225

我的甲殼硬到沒有人
想吃我，很厲害吧！

答案見 P.209

的的喀喀蛙

🎙受訪動物 —— 姓名：不詳／性別：男／年齡：中年

蛙生目標就是長大

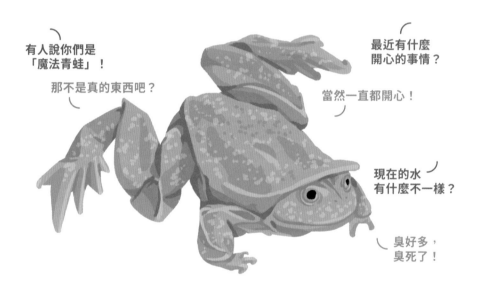

有人說你們是
「魔法青蛙」！

那不是真的東西吧？

最近有什麼
開心的事情？

當然一直都開心！

現在的水
有什麼不一樣？

臭好多，
臭死了！

📁 **動物小檔案**　的的喀喀蛙　　　　　　**瀕危指數：瀕危（EN）**

別名：的的喀喀湖水蛙

英文名：Titicaca water frog

學名：*Telmatobius culeus*

分布區域：南美洲的的喀喀湖盆地的周邊水域。

主食：以端足類（小型的甲殼動物）為主食，例如絳鉤蝦（Hyalella）以及螺，另外也會吃昆蟲、小型魚或比自己體型小的同類。

體型：頭尾體長約 7.5 至 17 公分，曾被記錄後腳延展長度可達 60 公分。

這次來聊天的動物朋友很特別，有些人叫他們「的的喀喀蟾」，有些人說是「的的喀喀蛙」，在英文中，則是「的的喀喀水蛙」。問起名字，眼前的蛙沒有正面回答，只是大聲的說：「我不是水蛙！」

好好吃東西變大比較真啦！

春花媽：「人類說你們是目前被發現、只住在水裡的蛙之中，體型最大的！在這麼大的湖裡面，你覺得自己是大的嗎？」

的的喀喀蛙：「我喜歡長大一點，再長大一點！你有試著比現在長得更大嗎？我見過比我大的蛙吃過更大的東西，我也想長成那樣，如果跟這片湖水一樣大，就什麼東西都可以吞下去，那我就不用躲了，是吧？」

「應該是吧。」春花媽說不出哪裡怪怪的，但是看眼前的蛙很專注的吞下他眼前的小魚，又不知道該說什麼。

春花媽於是接著問：「有的人說你們是『魔法青蛙』，覺得你們擁有不可思議的力量，所以和你們在一起會獲得好運。你覺得自己有哪些厲害的優點？」

的的喀喀蛙咂咂嘴問：「魔法是什麼意思？」

春花媽想了想：「大概就是可以讓你在一瞬間，變得跟我一樣大的意思。」

的的喀喀蛙：「那我要吃了我自己嗎？」

春花媽：「應該不是那個意思吧？而且你吃了自己，是變小吧？」

的的喀喀蛙：「對啊，而且你就（只有）吃了這麼大的我，怎麼可能變這麼大？我吃了比較大的魚，也只有肚子大一點，你講的魔法不是真的東西吧？」

春花媽：「我也不知道，但是魔法就是因為難以理解，才是魔法吧。」

的的喀喀蛙也沒想要探究：「好好吃東西變大比較真啦！」讓春花媽忍不住笑了出來。

春花媽：「據說你們都是用皮膚呼吸，和我們要用鼻子、嘴巴呼吸非常不一樣。透過皮膚去接受水裡細微的氣泡，對你來說，『呼吸』是什麼感覺？」

一轉剛才有點詭異的對話氣氛，的的喀喀蛙把自己的皮膚感受傳給春花媽：「這是我最舒服的地方！」

瞬間，春花媽覺得自己的皮膚變得好大一塊！水的感受不只是涼而已，水的流動、水的呼吸，跟以往所感受到的，是完全不同的律動，春花媽覺得實在是超奇妙！

才正驚喜著、感受著，的的喀喀蛙突然貼近春花媽的臉問：「舒服對吧？」儼然就像動畫片裡，魔法師會變成的那種青蛙。

春花媽：「超舒服的耶！」

春花媽：「我們泡在水裡久了，皮膚也會變得皺皺的。皺皺的皮膚對你們來說，會不會有點不方便呢？」

的的喀喀蛙：「不會啊，這樣可以讓我知道，我還可以變多大啊！感覺超棒的～」

開心沒有真的假的

春花媽：「很多人覺得你們很可愛，看起來像在微笑。我們明白當然不會無時無刻都是開心的。對你來說，有什麼事情是開心的，可以和我們分享嗎？」

的的喀喀蛙：「當然一直都是開心的啊，幹嘛不開心？」

春花媽：「我剛剛看到你沒吃到那個蟲，你也開心？」

的的喀喀蛙：「開心啊！我還可以再抓一次！而且等我再下潛，也會遇到不一樣的蟲啊！他們都在等我吃他們，我有什麼好不開心的？」

春花媽：「那你還有什麼開心的事情？」

的的喀喀蛙：「睡醒時發現自己還活著啊！醒來的時候，發現自己頭上暖暖的、剛好被溫溫的叫醒，我也很開心啊！」

越說，的的喀喀蛙的嘴角越上揚：「或是發現這隻蟲要吃三口才吃得完，平常兩口就可以，那我真的是吃到大蟲了啊，哈哈哈哈哈哈哈！」蛙越想越開心，四腳朝天的笑到翻過去。

春花媽：「你真的好開心。」

的的喀喀蛙順著水流，一把撈走春花媽：「開心沒有真的假的，開心就開心！來！跟我一起抓大蟲、一起吃，你就會開心！」

土地一向會幫助所有的生物

春花媽穩定下來之後問：「現在的水有什麼不一樣嗎？」

的的喀喀蛙：「臭好多，也有很多假食物啊，臭死了！」

春花媽：「那你也開心？」

的的喀喀蛙：「開心啊，他臭又不是我臭？但是我們就要學著更小心，不要吃到不能吃的，但是有時候有點難。」

春花媽：「那怎麼辦？」

的的喀喀蛙：「我會去親親土地，跟他一起憋氣，讓這些臭臭經過，然後再親親他，謝謝他。」

春花媽：「土地會幫你？」

的的喀喀蛙：「土地一向會幫助所有的生物。」

春花媽：「說的也是。你覺得人類是怎麼樣的？」

的的喀喀蛙：「就跟你一樣，是沒法變形的玩意啊！但是跟你這個人講話還蠻有意思的。」

春花媽：「如果可以給人們建議，你想說什麼？」

的的喀喀蛙：「不要丟臭臭給我們。你們從這邊拿出去的東西，不要拿臭臭來交換。臭臭不會活，還會影響我們活。這裡的水養育你跟我，你們應該回到之前的純潔、我們都還記得的乾淨。你們讓石頭長出太多青苔，那不是好的生長。」

📖 野生動物小知識　我不醜，我只是皮很皺

　　位處南美洲、海拔高度接近 4000 公尺、最深處可達 280 公尺的「的的喀喀湖」（Lake Titicaca）裡，居住著一種雙眼水靈、帶著大大微笑，全身遍布皺摺，可以一生都在湖裡，不需上岸也能活得好好的特有蛙類——的的喀喀蛙。他們適應了極大的水壓變化，演化出相較於一般蛙類較小的肺，僅有同體型其他蛙類的三分之一。取而代之的，則是藉由充滿皺摺的鬆弛皮膚來增加表面積，讓他們可以從水中獲得更多的氧氣。既然必須依靠皮膚來汲取氧氣，湖水中的含氧量就變得非常重要，攸關生死。水氧量若不足，的的喀喀蛙仍然會使用他們小小的肺到岸上呼吸，但是並不常見。

鬆弛的皮膚會汲氧

　　比起游泳，的的喀喀蛙更喜歡長時間待在湖底，「不動」或許也是為了節省氧氣的消耗。但是，為了讓水流可以更有效的「穿過」皮膚，的的喀喀蛙也會時不時的迅速做出「伏地挺身」，讓皮膚的皺摺擺動，進而接觸更多的空氣。雖然不是全世界最大的蛙，的的喀喀蛙可是「完全水生」的蛙類中，體型最大的喔！目前記錄到最大的個體可重達 1 公斤。

　　因為鬆弛的皮膚，也使得他們被揶揄為的的喀喀陰囊水蛙（Titicaca scrotum water frog）。這個名稱，可不只是玩笑話。原來，由於他們體表顏色

多變，有些還具有網形的數字花紋，居住在湖區的居民認為他們具有帶來好運、壯陽或增進性慾、治療感冒、強身健體等特殊效用。因此，居民們會捕捉來食用或製成工藝品。其中，這些「魔法青蛙」的神蹟，又以春藥最為知名。雖然尚未被證明有實際療效，但是在安地斯地區以的的喀喀蛙作為主原料製成的「生青蛙汁」，至今都還是受到當地民眾高度青睞的健體配方。

聖湖受汙蛙瀕危

的的喀喀湖本身是南美洲最大的高山湖泊，當地印地安人將其譽為「聖湖」。湖中有 51 座島嶼，不僅孕育了許多物種，其中也有許多受歡迎的觀光島嶼。在與人類生活環境逐漸相疊的狀況下，近年來受到相當嚴重的垃圾汙染。2016 年，曾發生 10000 隻的的喀喀蛙因水源汙染而暴斃的憾事。禍不單行的是，除了汙染以及湖水溶氧量不足的問題，人類引進了會取食蛙卵及蝌蚪的外來種鱒魚，也造成他們的族群量大幅下滑，岌岌可危。

不上岸的小肺物

水～底～世界～
真自由～♪

他們的肺只有一般蛙類的 1/3 大，靠皮膚吸收氧氣，不需上岸。

缺氧就做伏地挺身！

一上二下，
預備～起！

一、二、三！

的的喀喀蛙會做伏地挺身擾動水流，增加皮膚能吸收的氧氣量。

南湖山椒魚

🎤 受訪動物 ── 姓名：利什／性別：不詳／年齡：青少年

說好要保護我們喔！

我們希望
可以保護你！

那很好啊！

你覺得
地球好嗎？

地球是誰啊？

你最喜歡
做哪件事？

被水沖沖！

📁 **動物小檔案**　　南湖山椒魚　　　　　　　　　　**瀕危指數：未評估（NE）**

別名：無

英文名：Nanhu salamander

學名：*Hynobius glacialis*

分布區域：台灣南湖圈谷附近。

主食：主要以昆蟲為食，甲蟲類和蚊蠅等雙翅類較多，蛞蝓和蚯蚓也可以是大餐。

體型：長大約 8 公分，全長大約 14 公分。

地球？地球是誰啊？

春花媽：「我叫春花媽～你叫什麼名字呀？」

利什：「我叫利什，我們都叫做利什喔。」

春花媽：「利什你好～據說你的祖先從好久好久以前就在這裡生活了～你有聽同伴說過以前的故事嗎？」

利什：「我沒見過我祖先，但是我媽活很久了，她到現在都還在啊！」

春花媽：「欸……你媽還在這很正常啦！」春花媽頭上冒出三條線。

利什：「不會啊，很多媽媽都死掉了，但我媽媽還沒死，她很厲害，也還有生小孩。」

春花媽：「是喔？聽起來真的活很久！」

利什：「我有死掉的弟弟妹妹跟還沒生出來的弟弟妹妹，但是我媽都還在唷！」

春花媽：「那你媽媽真的很厲害，聽起來都像是你的祖先了。」

利什：「哈哈對呀！」

春花媽：「那你們覺得以前的地球好，還是現在的地球好？」

利什：「地球是誰我不知道，但我家這邊現在變不好，太熱了，很多小孩因為這樣死掉或是生不出來。地球是你住的地方嗎？你們住的地方也變不好嗎？」

春花媽：「對，地球是我們住的地方，有變好的時候，但是整體而言，如同你的感受，是比較不好的，忽冷忽熱，有時候雨太多，有時候雨太少。」

利什：「那你們也變很少，小孩也變少嗎？」

春花媽：「這我不太確定……因為我們本來就很多，多一點或是少一點，我其實沒有太多感受，但是我覺得太多了。」

利什：「但是你們比較不會死、比較厲害，是嗎？」

春花媽：「是比較厲害一點，所以我希望我們可以多保護你們一點。」

利什：「那很好啊，你們人，很好啊」

聽著利什真心的稱讚，並且笑得這麼單純，想起環境破壞多數是人為的，春花媽忍不住心虛地換了個話題。

春花媽：「聽說你喜歡很冷的環境，最近氣溫變化很大，你們有受影響嗎？」

利什：「很多啊，死掉的利什變很多啊！有些出生時已經不太健康，有些是病很久，病到不會呼吸，一直覺得燙燙的；有些是一直濕潤不起來，有些是眼睛

看不清楚……」春花媽深深感受到利什的辛苦。

說好要保護我們喔

春花媽：「生活中你最喜歡做哪件事情呀？」

利什：「被水沖沖！我帶你去！」

他開心的說著，並且帶著春花媽來到一塊綠綠的石頭上，要春花媽躺在中間，他則躺在一旁。

春花媽感覺水流不是很急，一層層地濺上來，皮膚也變得濕濕的。

「來，你轉身，我們一起側身。」他指揮著春花媽轉身。

利什：「換邊很舒服吧？這樣把自己用的濕濕的，而且還可以換邊，把一些癢癢的地方弄掉。如果沒有很餓，我會這樣玩一會。」

春花媽：「那如果沒有這樣的水呢？」

利什：「我會在軟一點的石頭或是苔蘚上鑽一下，也很好玩喲。」

說著，他又帶著春花媽去鑽石頭，但因為身體大小差太多，春花媽一直卡住。

利什：「你這樣在這邊會死掉耶！」

春花媽：「我是人類嘛，你們這裡我們好像很難到達耶？你有見過人類嗎？」

利什：「有啊，有些人我還重覆看過。」

春花媽：「你見過呀！那你覺得人類是什麼樣的生物？」

利什：「很大的動物，沒有要吃溪水裡面的生物，但是又不知道在抓什麼的翻來翻去，撈來撈去，很奇怪。」

春花媽：「哈哈哈，那你有什麼話想對人類說嗎？」

利什：「你說你可以保護我們，那你們要記得，不要忘記唷，我身邊只剩下媽媽了。以前的利什比較多，可是媽媽現在也生不出小孩了，如果只剩下我一個利什，我會很難過。一個利什在這邊很難活。」

「好的，我們會加油的。」春花媽認真地對利什這麼說。

📖 野生動物小知識　翻就翻、看就看，但要放回去啊！

　　山椒魚從恐龍時期就演化出來了，論在地球上的資歷，可說是前輩中的前輩。但是在台灣，他們對生活環境相當挑剔，必須是海拔 1300 公尺以上的低溫潮濕環境才找得著山椒魚的芳蹤。本來台灣不算是山椒魚喜歡的棲息地，但感謝高聳的山脈，讓這群小可愛有了一方安棲的家園。

生存空間極度受限

　　台灣一共有 5 種山椒魚，分別是南湖山椒魚、觀霧山椒魚、阿里山山椒魚、台灣山椒魚，以及楚南氏山椒魚。本篇的主角南湖山椒魚主要分布在台中南湖圈谷附近，是 2008 年由台灣師範大學生命科學系教授呂光洋與已故的賴俊祥博士，使用 DNA 鑑定技術及形質比對所發現的新物種。但由於山椒魚的棲地多在深山，前進棲地困難重重，加上動物數量稀少難以發現，目前較難取得更多的研究資料，也難以確認族群數量。

　　南湖山椒魚身體較為細長，背部有淺黃色或黃褐色的不規則細斑，一次繁殖不超過 40 顆卵，卵粒極大、卵黃極多，可提供大量營養給胚胎發育，讓幼體一孵化便有基礎的生活能力。

　　由於全球暖化，生存空間極為有限，合適的棲地也呈現不連續狀態。再加上近年越來越多登山客前往探訪，石頭不斷被翻動的狀況下，許多山椒魚原本的生活環境被破壞，進而壓迫了他們的生存空間。

比暴龍還要早！

年輕人
就是年輕人

前、前輩……

從恐龍時期便演化出來的生物，是活化石。

喜歡生活在石頭下方

這裡是我的家，
搬完記得放回去啊！

登山客常翻動石頭找尋山椒魚，但沒擺回去導致棲地被破壞。

大紫蛺蝶

🎤 受訪動物 —— 姓名：花璃／性別：男／年齡：青年

不活著幹嘛生出來

你對冬天有印象嗎？

我吃好少，大便好多！

沒有遇到小姐姐怎麼辦？

就是沒朋友也沒自己啊！

有想對人類說的話嗎？

要喜歡才有用，看到沒用啦！

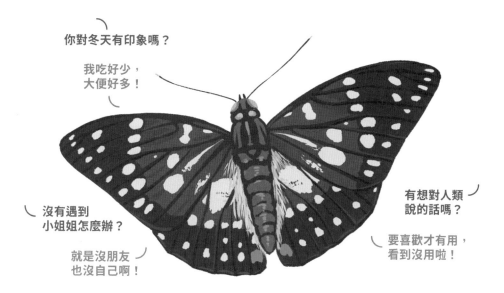

📁 **動物小檔案**　　**大紫蛺蝶**　　　　　　　　　　**瀕危指數：近危（NT）**

別名：無　**英文名**：Japanese emperor butterfly、Great purple emperor butterfly　**學名**：*Sasakia charonda*

分布區域：日本各地、朝鮮半島、中國、越南北部和台灣中北部中海拔山區，喜歡生長於森林內。台灣族群為特有亞種。

主食：朴樹（沙朴）。成蝶喜吸食樹液或腐熟落果汁液，常可見混雜於其他多種昆蟲中，一同吸食樹液。

體型：成蝶展翅約可達 8 至 11 公分。

那時候一起吃飯好快樂！

春花媽：「你覺得最近的森林有沒有哪邊不一樣？」

花璃：「我跟你講『葉子變薄』你聽得懂嗎？我只記得葉子變得更小了，然後風吹的時候更容易被吹落，我也更容易飛走。」

春花媽：「食物最近還好找嗎？味道一樣嗎？」

花璃給春花媽看吸食樹液的樣子：「我喜歡吃的樹都還在，但是樹皮下的水變得潤潤的、濃濃的，但是沒有比較好喝。感覺樹跟我一樣很渴，所以我吃果實變多了。但是大家都要吃啊！還是要回去找樹才能吃飽。」

春花媽：「聽說你們小時候都在冬天度過，你對冬天有印象嗎？」

花璃：「記得啊，那時候很爽啊！又不用一直動，醒來就可以吃，吃完就大便。小心不要被風吹走啊，如果濕濕要躲在葉子背後啊，不用像現在要飛啊、找另一半啊，那時候我們大家都在一起、一起、一起很久；一起吃，吃到頭都會晃在一起。我記得我旁邊有兩條比我大的，吃很多但是大便好少。我吃好少，大便好多，真的好奇怪啊！」花璃邊說邊陷進自己的回憶，苦惱的嘟囔著。

春花媽：「那他們後來還好嗎？」

花璃：「我睡著就不知道了啊！」說著邊給春花媽看吐絲結蛹的樣子，又繼續說：「我也不知道他們是男是女，但是那時候一起吃飯好快樂！現在都是自己一個蝶吃比較多，找到小姊姊的話，也不知道會不會跟我一起吃。」

春花媽安慰他：「會啦！你這麼好看，他們一定很想跟你在一起！」

花璃：「你也覺得我好看齁？」

花璃對春花媽展展翅膀，看著開合之間的藍色閃爍，真的好像琉璃一樣美。

春花媽不禁讚嘆：「你真的好美唉！」

花璃：「對啊，但是你真的還好，你顏色好普通而且長得好不均勻。」

春花媽被意料之外的點直接戳中，笑著肯定：「哈哈哈哈哈！對啊！」接著問：「你喜歡冬天還是夏天？」

花璃又是一副理所當然：「我喜歡夏天啊，食物的味道都變得很明顯，要找夥伴也比較容易啊！」

喜歡才有用，只是看到沒用啦

春花媽：「你有小孩嗎？他們活得好嗎？」

花璃：「都還沒找到小姊姊，怎麼生小孩啦！」

春花媽：「那你見過人類嗎？對人類有什麼感覺？」

花璃：「這邊很多啊，也不是一直看到，但是大概每天都有吧？」

春花媽：「人類會不會很打擾你們？」

花璃：「不要抓我們就好，有些人就是忽遠忽近的，突然又靠我們很近，拿個黑黑的東西（相機）一直對著我們。」

花璃接著說：「有些黑黑會說話（發出聲音），有些不會，但是我們沒有蝶聽得懂。是你這個人類出來，我們才聽得懂。而且你手上也沒有黑黑的，你們是一樣的嗎？」

春花媽回答：「是啊。黑黑的東西是為了能把你們看得更清楚的工具，讓別人知道你們的存在。因為你們剩下太少啦，我們希望人類能更珍惜啊！」

花璃：「我們也會珍惜我們自己啊！不然等你們這種不能跟我們講話的珍惜我們，聽不懂對方的話，才不會珍惜咧。就跟不喜歡我們的小姊姊不會理我們一樣啊！要喜歡才有用，只是看到沒用啦！」

春花媽有如被開釋般的驚嘆：「天啊，你說得好有道理唷！」

📖 野生動物小知識　長得浪漫美萌，習性卻堅韌善鬥

　　大紫蛺蝶為大型蝶種，翅展最寬可達 11 公分！由於砍伐棲樹以及商業性的採集誘捕，使得大紫蛺蝶的野外族群數量迅速減少，自 1986 年以來就已經被列為台灣瀕臨絕種的「一級保育類」昆蟲。

從幼蟲到羽化需 10 個月

　　曾經創造熱門話題的「集合啦！動物森友會」，就特別在圖鑑中收錄了大紫蛺蝶，透過遊戲向大眾傳播了「日本國蝶」的響亮名號，也讓幼蟲時期的大紫蛺蝶，以一張小兔臉風靡社群平台！但是，在卵剛孵化的頭幾天，還未蛻皮的 1 齡幼蟲階段，我們的「小兔子」其實是沒有犄角和「萌臉」的，等到蛻皮成 2 齡幼蟲之後，犄角和小臉才會出現，並且會隨著年紀增加，長得越來越精緻喔！

　　一年一代的大紫蛺蝶，從幼蟲到羽化的階段會歷經 10 個月，出生後就不停的吃著朴樹的樹葉與嫩芽。時序入冬，臘月已達 5 齡的幼蟲，會停止進食，從樹上爬至地面以幼蟲姿態越冬。他們會用細絲在葉背織起小小的睡墊，趴在

三、四層的落葉堆底下休眠。等到春天降臨，3月中旬的幼蟲醒來過後，繼續大吃特吃，再過1個多月，則開始化蛹，並於5月陸續完成羽化。羽化後，成蟲喜歡的食物也和蝴蝶給人吸食香甜花蜜的印象不同。大紫蛺蝶喜歡在密林中生活，吸食青剛櫟或栓皮櫟的樹液，或吸食味道酸腐的落果汁液維生。在中國，曾經也有捕蝶人使用臭豆腐發酵的汁液成功吸引他們的案例。

體格壯碩飛得快

和多數昆蟲一樣，大紫蛺蝶雌蝶的體型要比雄蝶大上一圈。雌蝶的翅膀背面沒有雄蝶耀眼的藍紫色色斑，在相同的區域，呈現的是較為黯淡的大地色系，帶著一絲低調紫光，與白色的斑點相互映襯，也相當美麗。一反蝴蝶給人輕飄飄、翩翩起舞的印象，大紫蛺蝶的體格壯碩，飛行速度極快！振翅時，是連聲音都聽得見的氣勢滿點！有趣的是，大紫蛺蝶會在某個範圍內選擇一個制高點停棲，當有其他生物闖入，則會出現追趕的行為，有時甚至連小型鳥類也沒在怕的，照樣會趕他走！

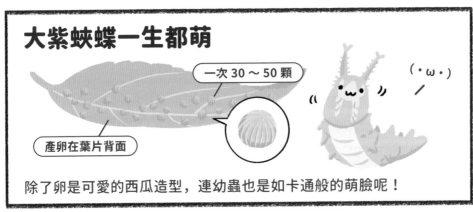

除了卵是可愛的西瓜造型，連幼蟲也是如卡通般的萌臉呢！

幼蟲期較長的大紫蛺蝶幼蟲，會在三、四層的落葉堆底下休眠。

大圓斑球背象鼻蟲

🎙 受訪動物 —— 姓名：球球／性別：女／年齡：中年

不想只有我活下去

想對正在嘗試保護你
們的人說什麼？

你懂我，
就不會傷害我。

你有時候會故意
給掠食者吃？

吞得下去
才真的是食物！

掉下去的時候
會怕嗎？

等一下
活過來就好！

📁 **動物小檔案**   **大圓斑球背象鼻蟲**   **瀕危指數：未評估（NE）**

別名：無

英文名：無

學名： *Pachyrhynchus sarcitis kotoensis*

分布區域：僅分布於台灣綠島跟蘭嶼。

主食：植食性，主要取食菲律賓火筒樹。

體型：體長 1.5 至 2 公分。

懂我，就不會傷害我

春花媽：「你現在住的地方有同伴嗎？數量多不多？平常會一起做什麼呢？」

球球說起生存之道：「數量很多的時候，我們不會一直在一起。很少更不會在一起啊！如果大家一起死掉怎麼辦？如果我們已經很少，這裡就不適合我們活，當然更要分開來走。要活下去是大家的事情，不是一個蟲的事情啊！」

春花媽：「據說你們面對掠食者逃不掉的話，有時候會乾脆跑到對方面前給他吃吃看，你有這樣的經驗嗎？」

球球：「一天躺個幾次很正常啊！要活下去、努力在對的地方才可以活著。」

接著又補充道：「我這麼小，吃我的都長得比我大，跑也跑不過，我也不會飛。當然是不動、把硬硬的皮對著外面。他們咬咬、舔舔或是啄幾下，找不到可以吃的地方就會走了。他們走了，我就活了啊！」

春花媽：「那除了和你長得很像的朋友以外，你還有其他的朋友嗎？」

球球：「沒有啊～只有我們長得很像的朋友會一起玩。大家都忙著吃東西、找伴侶，跟不要被吃掉。我們比較快樂一點，不用常常被吃，只是要死掉而已。不用一直跑，也不會一直都很餓。」

春花媽：「現在有很多人希望你們可以一直在這塊土地生活下去，正在嘗試保護你們。」

球球好奇的問：「保護我？你擔心我會害怕啊？知道你這麼大也懂我的害怕，是不是你也會害怕啊？」

春花媽溫柔解釋：「是啊，我害怕的事情很多，其中一件事情是失去你。失去你的世界，跟你在翻葉子的時候一樣，看見空的葉背，會抖很大一下。」

球球聽起來有點害羞：「知道你跟我一樣會害怕，覺得有點好。你懂我，你就不會傷害我，你剛說的保護，就是真的會保護我，是吧？」

春花媽肯定地說：「是的，有些人是這樣在保護你的。」

聽到令蟲放心的話之後，球球似乎如釋重負：「謝謝你啊，謝謝你們。我真的不想只有一個我活下去，太可怕了。我出生到現在都不是一個我，如果剩下一個我，死了就真的死了，掉在地上也就真的消失了！你還需要我！我也是需要你的，謝謝你。」

春花媽聽得淚流滿面。

說到象鼻蟲，大家第一直覺想到的都是擁有長長的喙，在米裡鑽來鑽去的米蟲。球背象鼻蟲家族，則屬於短喙的象鼻蟲，沒有長長的「象鼻」。在蘭嶼的火筒樹葉間，若是看見光滑黝黑的流線形翅鞘上，彷彿印刷一樣，有著明亮 Tiffany 藍色斑點的甲蟲，非常有可能就是大圓斑球背象鼻。你可以進一步觀察他們的球面翅鞘上，是否正好有 2 枚藍色圓點一前一後的落在癒合的接縫處。相較於有著同色、對稱圓斑的小圓斑球背象鼻蟲，大圓斑球背象鼻蟲的圓點看起來更圓，大小也較不平均，相當時髦可愛！

來不及逃生就裝死

顧名思義，球背象鼻蟲的翅鞘已經演化成相當堅硬、完全癒合的球面。雖然沒有飛行能力，僅能以爬行方式移動，移動範圍也不會離食物太遠，但是因為翅鞘緊密包覆著硬化腹板的緣故，使得翅鞘和腹板之間可蓄積空氣。這個特性就像天生的游泳圈，讓球背象鼻蟲能在水面上漂浮至少 6 小時，得以適應頻繁淹水的環境。因此，球背象鼻蟲也很有可能藉由木板、海漂植物的果實等海面漂浮物，或直接隨著海流傳播、遷徙至其他小島，建立全新的族群。

在陸地上，要是遇到其他動物靠近或干擾時，球背象鼻蟲會主動迴避。如果來不及逃跑，他們會果斷地裝死，掉落在雜密的草叢中，讓掠食者無法鎖定目標，再趁隙逃跑。

身體硬到掠食者拒吃

至於他們的身體到底有多硬呢？據說過去蘭嶼達悟族的男人，會抓球背象鼻蟲來比指力，用以判定是否夠格成為一名「勇士」。這樣堅硬的翅鞘結構，也讓球背象鼻蟲有著「硬象鼻蟲」的稱呼，在野外幾乎沒有想吃他的天敵。生

完全變態

要經歷「卵、幼蟲、蛹、成蟲」四個階段的型態的昆蟲，幼蟲和成蟲的生活型態以及食物不同，會在蛹的階段體內產生巨大變化最後羽化為成蟲，許多常見昆蟲如甲蟲、蝶蛾、蜜蜂蚊子皆屬這類。相對地，「不完全變態」的昆蟲並不會經歷蛹的階段，人類大敵蟑螂就屬這一類。

科普
小辭典

長為成體的大圓斑球背象鼻蟲，若是遇到斯文豪氏攀蜥、長尾真稜蜥或鳥類等掠食者，在無法逃走的狀況下，有時更會正面對決——直接讓掠食者吃吃看、咬咬看！仗著翅鞘堅硬的優勢，經常逼得掠食者吐掉「拒吃」。有研究論述，掠食者在學習階段捕食並吐掉球背象鼻蟲時，也能藉由獵物背上的斑點學習到「這種蟲很難吃、不能吃」，下次再見到球背象鼻蟲，就興趣缺缺了。

　　大圓斑球背象鼻蟲和台灣其他的球背象鼻蟲一樣，野生族群僅分布在蘭嶼或綠島，有些種類在兩地皆有，但是台灣本島並沒有野生族群。大圓斑球背象鼻蟲主要以菲律賓火筒樹的葉子為食，是一種完全變態的昆蟲。他們的幼蟲底棲，以菲律賓火筒樹的根部或地表的主莖為食，並於土壤中化蛹，完成羽化過程。成蟲於春、夏季出現，主要在菲律賓火筒樹的樹葉上或周邊活動。由於人類過度採集，以及棲地的人為開發工程，減少了宿主植物的數量。包含大圓斑球背象鼻蟲在內，目前已有 6 種球背象鼻蟲，被列在台灣的珍貴稀有保育類動物名錄的二級保育類動物之中。

球背翅鞘，堅若磐石

呸！這個不能吃！

想吃我？
你還得練練！

球背象鼻蟲的後翅退化、前翅翅鞘癒合在一起，不具飛行能力。

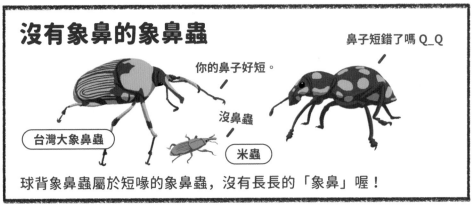

沒有象鼻的象鼻蟲

你的鼻子好短。

鼻子短錯了嗎 Q_Q

台灣大象鼻蟲

沒鼻蟲

米蟲

球背象鼻蟲屬於短喙的象鼻蟲，沒有長長的「象鼻」喔！

台灣爺蟬

🎙 受訪動物 ── 姓名：不詳／性別：男／年齡：中老年

一起生活才能活著

聽說你們
已經很少了？

你有樹朋友嗎？

我也沒見過死掉的。

大家都有樹朋友。

你有喜歡的位置嗎？

我現在還在搶。

📁 **動物小檔案**　台灣爺蟬　　　　　**瀕危指數：未評估（NE）**

別名：黑麗寶島蟬、台灣油蟬、黑美人、青頭蟬、狐狸蟬

英文名：Formosan giant cicada、Seebohm's giant cicada

學名：*Formotosena seebohmi*

分布區域：主要分布於中國與台灣中低海拔原始闊葉林。

主食：若蟲棲息地底，以樹根汁液為食；成蟲以棲息樹木的汁液為食。目視紀錄以台灣梭羅樹為主，其次是鄰近台灣梭羅樹的山黃麻、青剛櫟、大葉楠、白匏子與九芎等 30 餘種植物枝幹。

體型：成體雄蟬體長約 5 公分，雌蟬體長約 4 公分。

我知道，那裡是好地方！

春花媽：「據說你們的男生會搶最好的位置來表現自己，你也有喜歡的位置嗎？在那邊會看到什麼樣的景色？你有討厭的蟬嗎？」

台灣爺蟬：「我現在也還在搶啊！你沒看見我在這不動很久了！因為我想要前面那一大塊，但是他現在用屁股擋著我。」不過春花媽卻沒看見前面有誰。

台灣爺蟬語氣忿忿，卻又帶些憧憬的說：「你知道上面那一塊有很多樹葉的縫隙，所以不會一直很熱，但是又有足夠的空間可以讓風大力地吹過去，聲音就會變得很大聲、很大聲！你不懂吧？但我知道那裡是好地方啊！」

我喜歡樹的時候，樹不一定喜歡我

春花媽：「有人說你是蟬中之王，在你看過的世界裡，你覺得最像『王』的動物或蟲是什麼呢？」

台灣爺蟬：「王？王是什麼意思？」

春花媽試著換個方式解釋：「就是最大、最厲害，誰都看得見的意思！」

台灣爺蟬：「這樣就叫王？最大最厲害是你自己這樣講講就換名字？我看也沒太厲害！應該很容易死，我不要當王，我當我自己就好！」

春花媽摸摸鼻子，繼續問：「你有樹朋友嗎？都會聊些什麼？」

台灣爺蟬：「大家都有樹朋友啊，在這裡要一起生存才可以好好活著啊！只是我們有時候會吃樹朋友。樹會叫一下，我也會叫一下，但是他不一定會理我就是了。」台灣爺蟬接著分享：「我喜歡樹的時候，樹不一定喜歡我，但是反正我就當他是我朋友，因為我是需要他的！」

春花媽：「你喜歡你是成蟲的時候感受到的太陽嗎？會不會太熱？」

台灣爺蟬：「會熱啊，所以要躲好啊！但是該曬太陽的時候也要曬啊～不然我會軟軟的。而且曬熱熱的再躲去其他地方慢慢變冷，身體會有種癢癢的舒服感，很好玩！我喜歡這種感覺。」

喜歡就是喜歡，實在沒辦法！

春花媽：「你們的顏色和多數的蟬都不一樣，是好漂亮的黑色和藍綠色！」說著，春花媽也傳了很多其他的蟬給他看：「你會和同伴比較彼此身上的顏色嗎？可以和我們分享你覺得自己和同伴各自好看的地方嗎？」

彷彿總算有人問起他對其他蟬的看法，台灣爺蟬興沖沖的回應：「我是知道我比較大。不過你說我長得很特別，可能只有你才知道吧？我看是差不多。你喜歡我的顏色很好啊！我喜歡人家喜歡我，這樣有朋友很多的感覺。那些顏色跟我不一樣的，就不會喜歡我，所以他們沒來找我做朋友！」

稍微停頓後，台灣爺蟬也給春花媽看花紋偏向黃綠色的另一隻台灣爺蟬，談起自己的喜好：「我自己喜歡那種的。不知道為什麼就是好喜歡！喜歡到每次都想撲上去，然後也有因為這樣就撞到樹過！但是就會想一直追上去！喜歡就是喜歡，實在沒辦法！」

春花媽：「那你記得從土裡出來的時候嗎？是什麼感覺呢？」

台灣爺蟬感嘆：「熱，很多的熱。雖然是慢慢的出來後才變得更熱，但是真的好熱。原本還想說自己會不會因為不習慣這樣的熱就變得更慢，後來也就習慣了。還有好大、好多風的聲音！以前不是這樣的！濕濕的感覺也變很少，偶而突然水變得很多，又讓我想到小時候。然後我就會發現，原來我不一樣了啊～」

春花媽：「你願意送給我們一段祝福，或是提醒的話嗎？」

台灣爺蟬：「喜歡我的漂亮，就去變成自己喜歡的漂亮樣子啊！」

📖 野生動物小知識　彷彿身披大袍的綺麗王蟬

　　「爺！爺！爺！」夏季的梭羅木上，傳來台灣爺蟬的動靜。不僅叫聲像「爺」，對比鮮明的鬼面斑紋、大大的複眼、3 個小單眼以及深黑但翅脈明顯的蟬翼，使他們更像是古時身披黑色長袍、頭戴珠冠的勇猛武將。他們翅展可達 15 公分寬，是台灣 70 多種蟬當中最大的種類！

雄蟬鳴聲宣示領域

　　台灣爺蟬雄蟲鳴叫具領域性，若有一隻離開現處的區塊，另一隻就會飛來替補這個位置。雖然說是「鳴叫」，實際上，所有的蟬都沒有聽覺，是藉由聲音的振動來「感覺」的。至今的目視紀錄中，最受到台灣爺蟬青睞的棲木是台灣梭羅樹，其次是鄰近台灣梭羅樹的其他植物枝幹。若蟲羽化的高度不一，除了爬上高高的梭羅樹外，周邊較為低矮的姑婆芋葉背也曾發現他們的蟬蛻。

　　一般的蟬蛹大抵以褐色為主，攀附在矮灌木叢或植物上等待羽化蛻殼，留下蟬蛻。然而，台灣爺蟬不僅蟬蛹黝黑，連蟬蛻也黑得不得了！帶著金屬光澤、

黑得發亮。羽化後的成蟲不分性別，斑紋色彩以水藍色為主，偶而會出現漸層、渲染到黃色，每一隻的色彩都不一樣，甚至可見胸部幾乎都是黃綠色的個體。台灣爺蟬在剛蛻殼時，蟬翼幾乎是雪白的，隨著時間乾燥，白色的部分也會變得越來越黑，只有斑紋的顏色不變。當閃亮漆黑的蟬蛹在進行蛻殼的過程，不論觀賞幾次，都能令人感到驚奇不斷。

種梭羅木助復育

由於形色特殊，台灣爺蟬不僅在飛行的時候容易被錯視為蝶，早期更因此被捕捉製成標本而被列為保育類。雖然不能抓，但現在他們的數量並沒有變多。人為棲地破壞以及自然環境變遷，台灣爺蟬的野外族群仍然稀少。為了不讓未來的台灣爺蟬只能在教科書或以標本的形式被看見，林務局持續與嘉義大學合作，每年種植台灣梭羅木，協助番路鄉草山村的台灣爺蟬復育，也推動各式活動，使當地居民及遊客能夠從「認識」開始，進而發心保育這種美麗的昆蟲。

寡人要的，只有Ｃ位！

唧唧復唧唧！

可惡…還要等多久！

雄蟬的鳴叫具有領域性，一隻離開就會飛來另一隻補位。

霸氣展翅宛若蝶翼

我就是全台最大！

15cm

台灣爺蟬展翅後可達 15 公分寬，是台灣目前發現最大型的蟬。

長角大鍬形蟲

🎤 受訪動物 —— 姓名：烏拉／性別：男／年齡：老年

我真的好想娶老婆

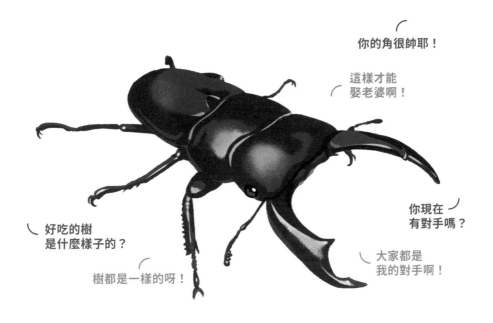

你的角很帥耶！

這樣才能
娶老婆啊！

你現在
有對手嗎？

好吃的樹
是什麼樣子的？

大家都是
我的對手啊！

樹都是一樣的呀！

📁 **動物小檔案**　　長角大鍬形蟲　　　　　　　　**瀕危指數：未評估（NE）**

名：黑金剛、關刀蟲

英文名：Long-fanged stag beetle

學名：*Dorcus schenklingi*

分布區域：台灣中海拔地區原始闊葉森林。

主食：殼斗科植物樹液。

體型：雄蟲體長 3 至 9 公分，雌蟲為 3 至 5 公分。

請你們對樹好一點

春花媽：「最近的樹味道有變化嗎？好吃的樹是什麼樣子的？」

烏拉：「樹都一樣啊！因為我喜歡的都一樣，我喜歡吃有點酸的樹水（樹液）。」

烏拉一邊說著，一邊傳了味道給春花媽，但春花媽嚐了之後，只感覺到淡淡些微的酸。

為了跟烏拉交流人類食物，春花媽傳了很多食物照片給烏拉。

烏拉：「你吃的東西好多唷，不過你這麼大也是應該要吃這麼多，那你喜歡吃什麼呢？」

春花媽傳了一堆自己喜歡的菜餚給他看，然後把秋葵切開給烏拉看，問他要不要試試看。

烏拉爬上秋葵，對於黏黏的感受覺得開心，但是他說：「這個沒味道啊，而且這裡沒有，我現在吃了喜歡，也沒用啊，以後不會有啊！」

接著他爬下來，對春花媽說：「謝謝你啊，你自己吃就好。」

春花媽：「感覺你吃樹水很快樂呢～」

烏拉：「如果你們真的懂我吃樹水的快樂，你們就會對樹好一點。」

春花媽：「你們覺得人類對樹很不好嗎？」

烏拉：「你們常常就這樣帶走了樹，而且是很粗魯地帶走，樹痛了，我們也痛了。接下來會有很多天的死亡，但那不是應該發生的。你這麼大，應該也要有這麼大的溫柔，好嗎？」

春花媽：「好，我會幫你轉告給人們的。」

你會想要長大嗎？

春花媽：「你的角（指大顎）很帥耶！聽說你們很會打架。你常常需要使用它們嗎？」

烏拉：「用來打架搶老婆啊，不過我可以跟你講一個很好笑的事，因為你跟我長得不一樣，所以我可以跟你說。」

春花媽：「嘿，你說？」

烏拉：「我有一次在飛的時候，不知道為什麼卡住了，我什麼都看不見，後來我用各種方式飛啊轉的，才離開那裡，你有這樣過嗎？」

「被看不見的東西卡住？」春花媽試著猜想，覺得可能是透明的細線……捕鳥

網嗎？

烏拉：「你有被這樣卡住嗎？」

春花媽：「你說是往前走的時候突然會被卡住嗎？」

烏拉：「對啊。」

春花媽：「沒有，但如果是我，我的手可能會去抓那些卡住我的地方，看到底是什麼。」

烏拉：「那你的手聽起來也不錯，可以娶老婆嗎？」

春花媽「蛤……你說我的手嗎？」

烏拉：「我是說你也可以靠你的手來娶老婆，聽起來跟我的角一樣也是好用的。」

春花媽露出尷尬的微笑：「喔喔……好……謝謝你的賞識。」

📖 野生動物小知識　蟲界也有關老爺，誰來就夾誰！

提到甲蟲，多數人腦海中大概會冒出獨角仙的模樣。甲蟲類一般都擁有堅硬外殼，個性驍勇善戰，常見的有兜蟲、鍬形蟲等，每一個都是蟲中之帥。但其實只要是鞘翅目的昆蟲都算是甲蟲範圍，因此金龜子、瓢蟲等小可愛也都算是甲蟲喔！

大顎形狀像關刀

長角大鍬形蟲跟台灣大鍬形蟲一樣，都是台灣的特有種，並列台灣目前最大型的鍬形蟲之一。兩者之間最大的差異在於大顎，台灣大鍬的大顎為立體形狀，長角大鍬則是扁鍬形態。而長角大鍬也因為大顎的形狀長得特別像關刀，因此又被稱為「關刀龜」、「黑金剛」。

擁有青龍偃月刀的關刀龜個性相當好戰，不管對手的體型如何，總是會試著跟對方一戰，因此身上常常出現戰鬥的抓痕，對他們來說都是榮譽的象徵。人類為了捕捉長角大鍬形蟲，也經常發生被長角鍬夾住而流血的情形，當然，為了抓保育類昆蟲而流血，只能怪人類自己囉！

天性好鬥粉絲多

鍬形蟲幼年以腐木為食，雌蟲會特地將卵產在腐木中，確保幼蟲一出生就有食物可吃。但幼蟲時期如果朽木數量不足，鍬形蟲會吃掉同伴以求生存，或

許鬥爭意識是存在他們基因當中的呀。等到長大成蟲之後，他們就以樹液為食，只吸食流質食物。長角大鍬形蟲因為屬於夜行性，會在夜間聚集在樹幹上，白天則會在殼斗科植物上開 buffet party，晚上則在這棵樹的樹洞中休息。

由於帥、好鬥的特性，鍬形蟲在甲蟲迷心目中，一直處於無可撼動的地位。因此雖然是保育類，還是有許多昆蟲玩家鋌而走險飼養，甚至發展出黑市販售的龐大經濟價值，長角大鍬形蟲就在東亞一帶坐擁大批粉絲。但需要特別提醒的是，不論是捕捉台灣甲蟲到國外販售，甚至是台灣玩家自己飼養國外甲蟲，都是違法的行為喔。近來也有發生利用合法的採集證掩護非法抓蟲的行為，盜捕珍貴的台灣甲蟲流入黑市賺取暴利，相當令人痛心。

另外，國際之間也有「鬥甲蟲」的惡風，利用甲蟲好鬥的個性進行擂台比賽，在日本尤其蔚為風行，這樣不尊重生物的行徑，非常不推崇。建議所有想要看甲蟲互鬥的朋友們，通通去玩甲蟲王者機台就可以了啦！

來打啊！笑你不敢啦！

就憑你這小個子？

誰輸誰贏還不知道！

要打去練舞室打啦！

個性相當好戰，是鍬形蟲中的凶猛戰士，就算體型懸殊也不怕。

我是正港台灣郎

看！是長角大鍬形蟲！

太帥了！

他們是台灣特有種的鍬形蟲，在日本也有許多甲蟲迷粉絲喔！

津田氏大頭竹節蟲

🎤 受訪動物 —— 姓名：噗離／性別：女／年齡：青壯年

不生怎麼會有同伴？

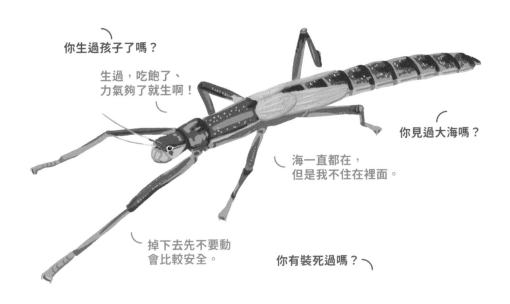

你生過孩子了嗎？

生過，吃飽了、
力氣夠了就生啊！

你見過大海嗎？

海一直都在，
但是我不住在裡面。

掉下去先不要動
會比較安全。

你有裝死過嗎？

📁 **動物小檔案**　　津田氏大頭竹節蟲　　　　　**瀕危指數：未評估（NE）**

別名：林投馬（台語）

英文名：Tsuda phasmid

學名：*Megacrania Tsudai*

分布區域：僅分布於台灣墾丁、綠島以及蘭嶼。

主食：林投樹葉。

體型：體長約 12 公分。

要去過才知道喜不喜歡

春花媽：「你生活在靠海的地方，卻又不住海裡，你見過大海嗎？喜歡嗎？」

噗離：「靠海？」看見噗離似懂非懂，春花媽將海洋的模樣傳給他。

噗離不懂得靠海是什麼，但認得海洋：「這是海啊。他一直都在，但是我不住在裡面。沒去過要怎麼喜歡？你去過嗎？」

春花媽：「我去過，我蠻喜歡的。」

噗離：「對啊，要去過才知道喜不喜歡啊。我吃過我現在在吃的葉子，所以才喜歡啊。如果看到都要喜歡，我早就吃到變成很大的蟲了，可能跟你一樣大！」

為什麼想要被我打呢？

春花媽：「據說你遇到敵人時會噴出白色汁液，你有試過嗎？」

噗離：「你想被我噴嗎？你剛才都乖乖、好好的，為什麼想要被我打呢？」

春花媽小心地照著訪綱唸：「遇到危險時，聽說你們也會裝死不動。請問你有裝死過嗎？」

噗離：「常常啊！有時候不小心掉下去了，先不要動會比較安全。不過我有被你這樣的動物撿起來過一次，我更不敢動！結果他跟你不一樣，沒跟我聊天。」回憶起和人類的互動，噗離說：「他把我翻來翻去，然後一直看我，還拿一個東西看我！然後他又把我放回葉子上。」說時遲那時快，噗離一邊敘述，春花媽也看見了被相機對準的畫面。

噗離驚魂未定：「我一開始還是沒動，後來就動了。他也沒抓我，就看我慢慢地躲回葉子深處，然後繼續看我，自己一直笑。」

你們蠻奇怪的，看我裝死也開心

想起那段經驗，噗離對人類感到莫名其妙：「你們人也蠻奇怪的，看我裝死也開心！」

春花媽安撫著：「因為你很少見，所以我們想要觀察你，不是想要害你啊！」

噗離：「是唷！那就好，原來你們是好的東西啊。」

春花媽：「也不是都很好啦，我們也有壞的啦！」

噗離：「你們的世界很多敵人嗎？」

春花媽：「我想我們的世界是有敵人，但是有時候敵人是來自於，對方跟我想

的不一樣，我們就想反擊了。也許對方不是真的有意要傷人，不過當然也有那種以傷人為樂的人。」

噗離：「那你會裝死嗎？」

春花媽：「我？我無法像你這樣裝死，所以我痛起來會很痛。」

噗離：「那你還是死一死好了，這樣就不痛了！」

春花媽被噗離的邏輯再次笑倒：「哈哈哈！我這麼大，要死也要死很久啊！」

開導無方，噗離碎唸著：「哎唷！你真的太麻煩。不懂的事情又要問，喜歡的事情也搞不懂。要你去死又不要，人類也太麻煩了！」

春花媽：「真的！哈哈哈哈哈！」

春花媽：「如果可以跟人類說句話，你想說什麼？」

噗離：「你們到底知不知道自己喜歡什麼啊？」

📖 野生動物小知識　沒有男生又怎樣？做自己最 chill ～

在墾丁、綠島以及蘭嶼等地濱海的林投樹上，有時能發現一種長長、大型的草食昆蟲在夜晚爬上樹梢，以暴風之姿大啖樹葉；白天則躲在葉背的溝槽或葉子基部，伸直四肢，彷彿正在徹底放鬆休息。他們，正是少數具備「孤雌生殖」能力的津田氏大頭竹節蟲。

野生族群近乎全雌蟲

在他們的野生族群中，「男生」非常稀少，多數的津田氏大頭竹節蟲，或許終其一生都沒見過雄性。有趣的是，在台北市立動物園的飼養族群中，不僅出現過稀有的雄蟲，甚至還曾經出現過雌雄同體的個體，引起熱烈討論。

可以自己一手包辦輕鬆生小孩的津田氏大頭竹節蟲，或許也並不追求生養眾多。他們一次只會產 1 顆卵，沒有固定產卵的地方，也不會連續產卵，產卵處相當隨意，常常可以發現卵和糞便一起散落在林投樹的基部。他們的一生都在林投樹上度過，但是呈現奶瓶形、葵花子狀的卵，卻被指出具有高度的耐海水性，甚至讓學者討論起「津田氏大頭竹節蟲究竟是不是台灣特有種」的話題。據專家指出，他們的卵在歷經 80 天以上的海水漂流後仍可孵化。也有日本學者提出，或許目前在西表島上的「大頭竹節蟲」，就是從台灣漂流過去的「津田氏大頭竹節蟲」在當地存活下來並且繁衍的後代。

逃生高手只住林投樹

津田氏大頭竹節蟲即使是成蟲階段，翅膀也像是未發育完成的翅芽型態，並不能飛行；然而說起逃生，他可是箇中好手。一反其他竹節蟲的慢動作，他們的行動速度飛快！加上足墊極似馬蹄，又有「林投馬」之稱。一旦遭受威脅，不論是逃跑、裝死、掉落或者躲藏，津田氏大頭竹節蟲會想盡各種方式使自己安全，已知的逃生策略甚至高達 6 種以上。逼不得已的時候，還會從胸部兩側的小孔噴射出乳白色液體以嚇阻、驅趕敵人。據說這種液體會揮發出強烈氣味，曾經被觀察者敘述成像杏仁、薄荷、人參，或發酵臭酸的牛奶，使掠食者退避三舍、興趣缺缺。而讓這個液體「洗掉後隔天仍有餘味」的原因，來自其中的獼猴桃鹼，並沒有任何致命危險，屬於「不過就嚇嚇你」的風格。

由於只在濱海的林投樹上生活，對於棲樹環境的要求高，又因開發緣故導致棲樹減少，再加上產卵數量少，目前津田氏大頭竹節蟲屬瀕危物種，被列為台灣 18 種保育類昆蟲之一。棲地的保護，才是使物種能夠永續存在的關鍵。

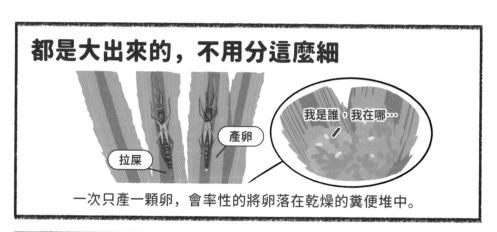

都是大出來的，不用分這麼細

拉屎

產卵

我是誰，我在哪⋯

一次只產一顆卵，會率性的將卵落在乾燥的糞便堆中。

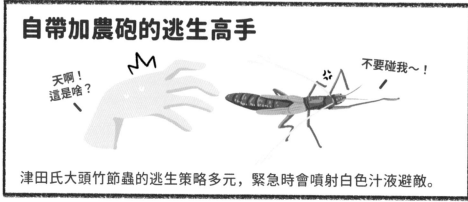

自帶加農砲的逃生高手

天啊！這是啥？

不要碰我～！

津田氏大頭竹節蟲的逃生策略多元，緊急時會噴射白色汁液避敵。

霧社血斑天牛

🎤 受訪動物 —— 姓名：牙／性別：男／年齡：老年

身體說該做就去做

櫻花樹的
味道如何？

先酸後甜，
甜很大片。

剛從樹出來的感覺是？

要身體醒來
一起動。

喜歡身上的
顏色嗎？

是我養出來的當然喜歡。

📂 **動物小檔案**　　**霧社血斑天牛**　　　　　　**瀕危指數：未評估（NE）**

別名：櫻紅天牛、霧社深山天牛、櫻紅閃光天牛、櫻紅腫角天牛

英文名：Wushe blood-spotted longhorned beetle

學名：*Aeolesthes oenochrous*

分布區域：中國西藏與副熱帶地區省分、台灣、越南與寮國。

主食：櫻屬植物。

體型：體長 3 公分到 6 公分不等，大型雄蟲觸角可達 10 公分以上。

喜歡才會一直讓我們來

春花媽：「在樹木裡等的時間久不久？」

牙：「應該很久吧，因為我真的吃超多，大便也超多的！會飛之後發現自己沒空一直大便，因為要做的事情好多。」

春花媽：「聽說你們幾乎只吃櫻花樹，是因為味道嗎？」

牙：「就是好吃，吃起來跟我們的味道很像。」

春花媽：「可以再多說一點櫻花樹的味道嗎？」

說起喜歡的食物，牙滔滔不絕起來：「一種先酸後甜的感覺，甜的感覺很大片，這樣可以撐比較久，而且大家都在這邊吃，我們要找到彼此也更快啊。」牙緊接著說：「而且這個樹也喜歡被吃，他都會一直抖抖的給我們很多好吃的。」

春花媽：「你確定他真的喜歡？」

牙很理所當然地回答：「喜歡啦，不然我們不會一直來，樹也都讓我們來啊。」

身體跟你說該做什麼就做啊！

春花媽：「這樣真的是喜歡嗎？」

牙反問春花媽：「是喜歡啊，不然你幹嘛一直跟我講話，就是喜歡才會一直來，也不會叫我們走啊。」

雖然還是有點困惑，但春花媽不再追問。想起剛剛牙說在樹裡很餓，便問道：「你們從樹出來之後就不吃東西了，不會餓嗎？」

牙：「剛才不是說了嗎？那時候就沒時間啦，要快點找到可以交配的啊，找到他們，讓我們的味道混在一起，這樣我們才能活下去。」

春花媽：「但你們不吃東西，要怎麼活下去？」

牙：「要生小孩，我們才可以繼續活下去啊，生小孩比吃飯重要多了！」

春花媽：「其實我聽不太懂，你小時候吃太多，所以長大不用吃嗎？」

牙露出無奈的表情：「因為要做的事情不一樣了啦。你真的很傻捏，你長大還會一直吃嗎？因為長大了啊，不一樣就是不一樣了啊！」

春花媽：「那你剛還說長大不容易！」

牙說：「但是就長大了啊！長大了就做長大該做的事情，不然怎麼辦？就不想吃了，只想找另一半騎在她身上，想做什麼就做什麼，那時候是怎樣的自己就做怎樣的自己啊。」

牙看著春花媽，又再接著說：「又不是想就可以不用做自己，想了沒用，身體跟你說該做什麼，就做啊！不然你這麼會想，有比較好嗎？還不是我問你什麼，你也都不知道，也沒用啊！」

不打架的話怎麼生小孩

春花媽：「因為你們身上的絨毛很像人類血液的顏色，所以人類叫你們『血斑』天牛。你喜歡你身上的顏色嗎？」

牙很是疑惑：「聽不懂你在說什麼，我長這個樣子，就是我的樣子，然後在這邊活著，就是可以清楚被同伴看見，但是不要被會吃我的看見，還可以嚇嚇別的動物，所以我喜歡啊，幹嘛不喜歡。我這麼有用的身體，是我吃出來、養出來的，當然要喜歡啊！」

看著他自信的樣子，春花媽笑著點點頭，又再問：「你有同伴嗎？平常會一起做些什麼？」

牙：「打架啊，還有騎對方、被推下來，或是一起發出味道，吸引更多同類過來，然後繼續打架，哈哈哈哈！」想到這裡，牙好像很快樂，「跌下去再爬起來，繼續壓對方，然後生小孩！」

📖 野生動物小知識　　櫻花樹間的鮮紅寶石

　　台灣的花季由櫻花揭開序幕，在粉色花朵的樹下，你是否曾注意到這種滿布紅色絨毛的「霧社血斑天牛」呢？相傳他們是在日治時期被駐守霧社的日本警察發現，再加上具有光澤的絨毛會隨角度呈現不同鮮紅色澤，因而得名。霧社血斑天牛與「紫艷大白星」及「黃紋天牛」這2種大型天牛合稱台灣天牛三寶，是進貢給日本天皇的珍品。霧社血斑天牛常因為名字被誤認是台灣特有種，但其實中國、越南與寮國都有他們的蹤跡。

在樹洞待 2 年才成蟲

　　他們從卵孵化後，便鑽進樹幹啃食樹木的形成層與木質部等植物組織。經過約2年的時間，在樹洞中化蛹羽化，最後鑽出開始活動。歷經這麼漫長的時間成為成蟲後，卻只剩下約1個月的壽命，在這短短時間內的唯一目標便是產下後代。雌蟲間會為了爭奪產卵位置而追逐，雄蟲則會為了與雌蟲交配而打鬥。雄蟲打鬥時會用觸角纏繞對方，也用大顎互相追咬。雄蟲還會守護雌蟲，確保

在樹皮上產卵時不受干擾。

天生愛吃櫻花樹有錯？

　　原先因商業捕捉製作標本、逐漸減少的霧社血斑天牛，在 1989 年被列為第二類珍貴稀有保育類，自此緩和了滅絕的速度。後來由於觀光產業發展，開始大量種植山櫻花，使得他們的族群逐漸壯大，在 2010 年被降為第三類的其他應予保育類。儘管是保育類動物，從觀光角度來看反而是眼中釘，因為樹木如果受到長期且數量過多的天牛蛀食，便會逐漸枯萎，最後死亡。

　　原本稀少珍貴的霧社血斑天牛因為台灣人瘋櫻花得以擴大族群，卻也因為吃了山櫻花被貼上了害蟲標籤，讓只是按照天性生活的他們，處境突然變得尷尬。如何在保護之餘也兼顧生態保育，考驗著人類的智慧，學者們希望能透過生態研究調查了解其習性，並從大自然原有的生態平衡為出發點來思考對策，期盼霧社血斑天牛能夠早日擺脫「危害櫻花的害蟲」這種弔詭的汙名。

雖然曾被觀察到啃食桃樹及李樹，但他們還是強烈偏好山櫻花。

霧社血斑天牛成蟲後，傳宗接代成為剩餘蟲生的唯一目標。

動物瀕危指數索引

書中每則動物小檔案的右上角，都有瀕危指數的標示。這是國際自然保護聯盟（IUCN）為瀕危物種（含亞種）所做的分級，可以反映出一個物種需要被保護和關切的急迫程度，一共分為 9 級，分級的評估標準如下。除了按照棲地的分類，現在也讓我們從瀕危指數的角度，來認識書中收錄的 50 種動物吧！

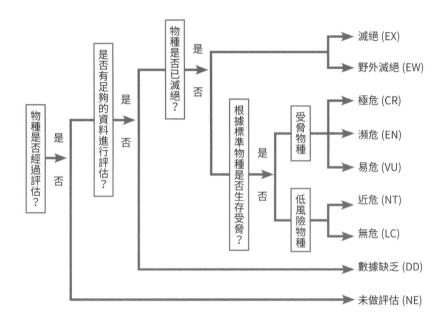

動物名稱	生物分類	頁碼
瀕危指數：極危 (CR)		
櫛齒鋸鰩	軟骨魚類	P.61
俄羅斯鱘	硬骨魚類	P.45
南方黑鮪	硬骨魚類	P.37
恆河鱷	爬行類	P.117
玳瑁海龜	爬行類	P.41
食猿鵰	鳥類	P.165
鴞鸚鵡	鳥類	P.141
藍喉金剛鸚鵡	鳥類	P.189
台灣穿山甲	哺乳類	P.89
侏三趾樹懶	哺乳類	P.101
昆士蘭毛吻袋熊	哺乳類	P.133
高鼻羚羊	哺乳類	P.125
野雙峰駱駝	哺乳類	P.145

野生動物大聲講

動物溝通師春花媽帶你認識全球 50 種瀕危野生動物，聆聽動物第一手真實心聲

作　　　者　春花媽
繪　　　者　Jozy
審　　　訂　曾文宣
選　　　書　方鳳嬌

編輯團隊
美 術 設 計　Zooey Cho（卓肉以）
內 頁 排 版　高巧怡
特 約 編 輯　吳佩芬
編 輯 協 力　阿鏘
責 任 編 輯　劉淑蘭
總　編　輯　陳慶祐

行銷團隊
行 銷 企 劃　陳慧敏、蕭浩仰
行 銷 統 籌　駱漢琦
業 務 發 行　邱紹溢
營 運 顧 問　郭其彬

出　　　版　一葦文思／漫遊者文化事業股份有限公司
地　　　址　台北市松山區復興北路331號4樓
電　　　話　(02) 2715-2022
傳　　　真　(02) 2715-2021
服 務 信 箱　service@azothbooks.com
網 路 書 店　www.azothbooks.com
臉　　　書　www.facebook.com/azothbooks.read
營 運 統 籌　大雁文化事業股份有限公司
地　　　址　台北市松山區復興北路333號11樓之4
劃 撥 帳 號　50022001
戶　　　名　漫遊者文化事業股份有限公司
初 版 一 刷　2022年12月
定　　　價　台幣550元

ISBN　978-626-95513-8-5
有著作權‧侵害必究
本書如有缺頁、破損、裝訂錯誤，請寄回本公司更換。

書是方舟，度向彼岸
www.facebook.com/GateBooks.TW
一葦文思
GATE BOOKS
 一葦文思

漫遊，一種新的路上觀察學
www.azothbooks.com
漫遊者　漫遊者文化

大人的素養課，通往自由學習之路
www.ontheroad.today
遍路文化
on
the road　遍路文化‧線上課程

國家圖書館出版品預行編目 (CIP) 資料

野生動物大聲講：動物溝通師春花媽帶你認識全球50
種瀕危野生動物，聆聽動物第一手真實心聲/ 春花媽
作 ; Jozy 繪. -- 初版. -- 臺北市：一葦文思, 漫遊者文化
事業股份有限公司, 2022.12
232 面 ; 17X23 公分
ISBN 978-626-95513-8-5(平裝)
1.CST: 野生動物 2.CST: 野生動物保育
383.5　　　　　　　　　　　　　　　　　　11020157

我喜歡自己跟著大自然一起變化，
跟大自然一起成長，我喜歡在一起的感覺。

台灣水鹿 ─ 力亞琵